贵州赤水桫椤国家级自然保护区

GUIZHOU CHISHUI SUOLUO
GUOJIAJI ZIRAN BAOHUQU
SHENGWU DUOYANGXING JIANCE

生物多样性监测

（一期）

主编◎张昊楠　　王　智　　周大庆

河海大学出版社

HOHAI UNIVERSITY PRESS

·南京·

图书在版编目（CIP）数据

贵州赤水桫椤国家级自然保护区生物多样性监测：
一期／张昊楠，王智，周大庆主编. -- 南京：河海大
学出版社，2024.12. -- ISBN 978-7-5630-9514-8

Ⅰ. S759.992.73

中国国家版本馆 CIP 数据核字第 2024C4E269 号

书　　名	贵州赤水桫椤国家级自然保护区生物多样性监测：一期
书　　号	ISBN 978-7-5630-9514-8
责任编辑	齐　岩
特约编辑	唐辉萍
特约校对	王春兰
装帧设计	徐娟娟
出版发行	河海大学出版社
地　　址	南京市西康路 1 号（邮编：210098）
电　　话	（025）83737852（总编室）　（025）83722833（营销部）
经　　销	江苏省新华发行集团有限公司
排　　版	南京布克文化发展有限公司
印　　刷	广东虎彩云印刷有限公司
开　　本	710 毫米×1000 毫米　1/16
印　　张	11.75
字　　数	198 千字
版　　次	2024 年 12 月第 1 版
印　　次	2024 年 12 月第 1 次印刷
定　　价	68.00 元

编委会

典型沟谷景观

典型桫椤生境

山地景观

喀斯特地貌

沟谷微生境

毛竹林

桫椤 *Alsophila spinulosa*　　　　　　桫椤孢子

桫椤出芽　　　　　　　　　桫椤展叶

小黄花茶 *Camellia luteoflora*　　　　小黄花茶果实

西南齿唇兰 *Anoectochilus elwesii*（花）

西南齿唇兰 *Anoectochilus elwesii*（全株）

云南九节 *Psychotria yunnanensis*

马尾松 *Pinus massoniana*

金沙大样地固定样桩

植物个体挂牌（桫椤）

固定样地全站仪观测

固定样地全站仪观测

小黄花茶观测样地

桫椤观测样地

藏酋猴 *Macaca thibetana*

小麂 *Muntiacus reevesi*

毛冠鹿 *Elaphodus cephalophus*

赤腹松鼠 *Callosciurus erythraeus*

橙胸姬鹟 *Ficedula strophiata*

红胁蓝尾鸲 *Tarsiger cyanurus*

红尾水鸲 *Rhyacornis fuliginosa*

红头咬鹃 *Harpactes erythrocephalus*

铜蜓蜥 *Sphenomorphus indicus*

翠青蛇 *Ptyas major*

玉斑锦蛇 *Euprepiophis mandarina*

灰腹绿锦蛇 *Gonyosoma frenatatum*

沼蛙 *Boulengerana guentheri*

黑斑侧褶蛙 *Pelophylax nigromaculata*

布设红外相机

红外相机

鸟类监测

两栖爬行类监测

前言
Preface

贵州赤水桫椤国家级自然保护区（以下简称"赤水桫椤保护区"）于 1984 年成立，于 1992 年晋升为国家级自然保护区。保护区位于贵州省赤水市与习水县交界，紧邻赤水河畔，总面积 13 300 公顷，其中核心区面积约 5 200 公顷，缓冲区面积约 4 017 公顷，实验区面积约 4 083 公顷。保护区属野生植物类型自然保护区，以桫椤、小黄花茶及其生境为主要保护对象。保护区拥有独特的自然景观和丰富的生物多样性，主要表现为集中成片的古老孑遗植物桫椤、独特的丹霞地质地貌、典型的中亚热带常绿阔叶林、多样的野生动植物种类等。

为了掌握保护区内生物多样性的现状和最新动态、加强区内资源管护和物种保育工作、强化自然保护区职能，对生物多样性开展业务化监测工作非常必要。2014 年，在财政部和生态环境部 2012 年生物多样性保护专项——贵州赤水桫椤国家级自然保护区生物多样性保护示范项目的支持下，保护区管理局开始系统推进区内生物多样性监测工作。受赤水桫椤保护区管理局的委托，生态环境部南京环境科学研究所根据赤水桫椤保护区的生物多样性现状和保护管理需求，编制了《贵州赤水桫椤国家级自然保护区生物多样性监测方案》（以下简称《监测方案》）。2015 年，根据《监测方案》，生态环境部南京环境科学研究所组织西南大学、贵州大学等相关单位对赤水桫椤保护区的维管植物和陆生脊椎动物生物多样性开展第一期业务化监测，为期 3 年（即 2015—2017 年）。

生态环境部南京环境科学研究所研究制定监测实施方案，会同技术支撑单位开展研讨交流，组织实施动植物监测工作，确保了监测方案的可行性和监测工作的顺利开展。具体来说，通过建立 2 个大样地和 8 个小样地对典型植物群落开展动态变化监测；通过建立 3 个小样地和 3 条样带分别对桫椤种群和小黄花茶种群开展动态变化监测；通过建立 3 个小样地和 3 条样带监测人类活动对桫椤种群的影响；通过样线法、红外相机陷阱法等对区内哺乳类、鸟类、两栖爬行类等陆生脊椎动物开展监测。最终，通过数据集成和文稿统筹完成了本书。

通过上述工作的开展，赤水桫椤保护区基本建立了生物多样性监测体系，进一步摸清了区内生物多样性现状，发现保护区植物新纪录 1 种——西南齿唇兰（*Anoectochilus elwesii*）；发现保护区陆生脊椎动物新纪录 12 种，其中包含国家 Ⅱ级重点保护野生鸟类 4 种，分别为鹰雕（*Nisaetus nipalensis*）、楔尾绿鸠（*Treron sphenurus*）、黄腿渔鸮（*Ketupa flavipes*）、红角鸮（*Otus sunia*）等；初步分析了人类活动、毛竹入侵等对保护区生物多样性的影响。这些成果也让更多的人了解赤水桫椤保护区的科学价值、保护价值和经济价值，为今后加强保护区的资源保护、科研监测、宣传教育、社区发展、生态旅游等工作奠定良好的基础。

由于时间仓促，生物多样性监测工作量大，涉及类群较多，如有疏虞之处敬请指正。

著者于南京

目录
Contents

第一章

自然保护区概况

1.1 地理位置

　　贵州赤水桫椤国家级自然保护区(以下简称"赤水桫椤保护区")位于贵州省赤水市与习水县的交界处,覆盖葫市镇和元厚镇区域,毗邻赤水河。其地理坐标为东经 105°57′54″至 106°7′7″,北纬 28°20′19″至 28°28′40″。保护区于 1984 年建立,1992 年经国务院批准晋升为国家级自然保护区,是中国首个以桫椤及其生境为主要保护对象的自然保护区。保护区总面积为 13 300 公顷,其中核心区为5 200 公顷,缓冲区为 4 017 公顷,实验区为 4 083 公顷。

1.2 自然环境

1.2.1 地质结构

　　赤水桫椤保护区位于四川盆地中生代强烈坳陷的南缘斜坡地带,属于扬子准地台"四川台坳"中的"川东南褶皱束",在贵州境内被称为"赤水褶皱束"。在构造上,保护区处于东西向与南北向构造体系交汇的复杂区域,隶属于"川黔纬向构造体系"中的"赤水-綦江构造带",具体位于大白塘向斜的近轴部南翼。区域内主要露出的地层为上白垩纪夹关组,东南边缘还能见到侏罗系地层,岩性主要为砖红、紫红及棕至灰紫色的长石和石英砂岩。

1.2.2 地貌特征

　　赤水桫椤保护区位于四川盆地东南缘,介于四川盆地与黔中丘原之间的山原中山区。历经多次构造运动后,现今形成了南北向和东西向两组主要构造形迹。东西向构造包括长垣坝构造带内的太和、旺隆构造,高木顶向东延伸至宝元的构造线,以及龙爪一带的其他东西向构造。南北向构造则涵盖塘河-官渡构造和合江-旺隆-元厚构造带等。由于川黔南经向和纬向构造体系的交错影响,区域内地层发生倒陷和强烈剥蚀,形成背斜成山、向斜成谷的顺构造地形,以及向斜成山、背斜成谷的逆构造地形。

保护区地势呈东南高、西北低特点,起伏较大,相对高度达 500～700 m,大面积分布白垩系砂、泥岩,是贵州省典型的剥蚀侵蚀红岩地形区域。主要地貌类型为中山和低山,海拔多为 500～1 200 m。900 m 以上区域面积占保护区近 3/4,主要分布在沟溪的分水岭和河流上游。低于 900 m 的低山和丘陵多位于河流下游的沟谷地带。高原与盆地之间的巨大势能梯度,加上湿润气候和丰富降水,导致河流侵蚀切割加强,形成峡谷山地、坪状低山和丘陵。河谷多呈"V"形或"U"形,峡谷层峦叠嶂,体现出山高、坡陡、谷深的地貌特征。

赤水丹霞地貌是青年早期丹霞地貌的代表,面积超过 1 200 平方公里,是全国最大的丹霞地貌区,景观壮丽。区内峡谷、绝壁、溪流和飞瀑众多,主要分为高原峡谷型和山原峡谷型,地势起伏大,地面破碎。白垩系嘉定群是赤水丹霞地貌的核心物质基础,主要由红色砂岩夹粉砂岩构成,岩石坚硬,抗侵蚀性强,节理发育良好,形成许多雄伟的峡谷和崖壁。侏罗系地层以紫红色、紫灰色砂岩、泥岩和页岩为主,岩性较软,抗侵蚀能力较弱,主要形成剥蚀-侵蚀红岩低山和丘陵,边坡较为缓和。

1.2.3　气候条件

赤水桫椤保护区属中亚热带湿润季风气候区,河谷地区气候类似南亚热带特征。气候特点包括冬季温和无严寒,夏季温暖不酷热,日照较少,温度较高,湿度较大,降水充沛,常有云雾和降雨,昼夜温差显著。河谷 1 月份平均气温为7.5℃,最低气温可达－2.1℃;7 月份平均气温为 27.3℃,最高气温可达41.3℃。全年日平均气温在 10℃以上,积温在 3 614～5 720℃。保护区全年基本无霜雪期,无霜期为 340～350 天。年平均降水量为 1 200～1 300 mm,迎风坡的降水量超过 1 500 mm,夏季降水最多,春秋次之,冬季最少,4—10 月降水量占全年的 80%。谷地的平均相对湿度高达 90%。

1.2.4　水文状况

赤水桫椤保护区内主要河流包括葫市沟、金沙沟、板桥沟和闷头溪 4 条。葫市沟发源于保护区内海拔最高的葫芦坪(海拔 1 730.1 m),全长 26.5 km,流经空洞雷、三角塘、幺站、河栏岩、幺店子,最终在葫市镇注入赤水河。金沙沟源自洞子岩小沟梁子,全长 11.9 km。板桥沟发源于烧鸡塆梁子,流经红岩、高梯子、回龙,最终在元厚镇板桥注入赤水河,全长 11.8 km。闷头溪起源于甘溪,流经塘厂沟至干岩口上段后汇入赤水河。

赤水桫椤保护区内地下水资源丰富,得益于岩层的高含水性、茂密的森林、较少的日照、低蒸发量及夜间凝结水较多等环境条件。地下水径流量约为 0.4 m³/s,枯水期径流量模数为 9.1 L/km²。地下水主要为基岩裂缝水,泉水流量为 0.000 2～0.000 5 m³/s,泉点多沿砂岩、泥岩的接触面和构造裂缝分布,从溪沟源头到河谷底部均有出露。尽管单个泉点流量较小,但众多泉点汇集形成丰富的水源,泉水常年不断,为枯水期河流提供主要补给。

1.2.5 土壤类型

赤水桫椤保护区主要地层为白垩系上统夹关组和灌口组。上统夹关组由砖红、棕红和紫红色厚层块状长石石英砂岩与粉砂岩、泥岩互层组成;灌口组则以砖红色细粒长石石英砂岩为主。土壤发育受地层和岩石性质的影响,主要为非地带性的紫色土,呈中性至微酸性,发育成熟,土层较深,可达 50～100 cm,表土层几乎无母岩碎片。在紫色土部分淋溶较弱的区域,还可见到钙质紫色土的发育。

此外,海拔 800 m 以上的地区如大南坳和雷家坪等地,局部分布有由紫色砂页岩残留古风化壳母质形成的黄壤和黄棕壤。

1.3 生物资源及主要保护对象

1.3.1 生物资源

1.3.1.1 自然植被

根据《中国植被》的分类方法,赤水桫椤保护区内植被类型包括暖性针叶林、落叶阔叶林、常绿落叶阔叶混交林、常绿阔叶林、竹林、常绿阔叶灌丛及灌草丛等七类,共划分为 37 个主要群系。暖性针叶林主要有马尾松(*Pinus massoniana*)林和杉木(*Cunninghamia lanceolata*)林;落叶阔叶林以毛脉南酸枣(*Choerospondias axillaris* var. *pubinervis*)林、亮叶桦(*Betula luminifera*)林、枫香(*Liquidambar formosana*)林、檵木(*Loropetalum chinensis*)林及赤杨叶

(*Alniphyllum fortunei*)林为主，及其混交林共 6 个群系；常绿落叶阔叶混交林主要包括枫香与常绿阔叶树种混交、栲类与落叶阔叶树种混交及楠木与落叶阔叶树种混交三种类型，共 5 个群系；常绿阔叶林以楠木为主，包括栲(*Castanopsis fargesii*)、甜槠栲(*Castanopsis eyrei*)、短刺米槠(*Castanopsis carlexii* var. *spinulosa*)、小果润楠(*Machilus microcarpa*)、润楠(*Machilus pingii*)、楠木(*Phoebe zhennan*)林及臀果木(*Pygeum topengii*)林等 11 种群系；竹林由毛竹(*Phyllostachys pubescens*)、慈竹(*Neosinocalamus affinis*)、斑竹(*Phyllostachys bambusoides*)等大茎竹类和水竹(*Phyllostachys heteroclada*)等小茎竹类组成 8 种群系；常绿阔叶灌丛包括以小梾木(*Swida paucinervis*)和竹叶榕(*Ficus stenophylla*)为主的灌丛共 2 种群系；灌草丛由桫椤(*Alsophila spinulosa*)、芭蕉(*Musa basjoo*)、罗伞(*Brassaiopsis glomerulata*)、峨眉姜花(*Hedychium flavescens*)等物种组成 3 种群系。

1.3.1.2 植物多样性

赤水桫椤保护区内植物资源丰富，共有维管植物 2 048 种，包括种子植物 154 科 705 属 1 802 种，蕨类植物 38 科 80 属 241 种，苔藓植物 48 科 96 属 207 种，地衣 10 科 14 属 21 种，大型真菌 42 科 73 属 103 种，藻类植物 32 科 55 属 148 种。其中，国家一级重点保护野生植物有红豆杉(*Taxus chinensis*)、南方红豆杉(*Taxus chinensis* var. *mairei*)和伯乐树(*Bretschneidera sinensis*)三种，国家二级重点保护野生植物 16 种。

根据 IUCN(世界自然保护联盟)物种红色名录(2013)，保护区内共收录植物物种 50 种，其中濒危种 7 种，易危种 8 种，极危种 1 种，近危种 9 种，数据缺乏的有 2 种，无危种有 23 种。中国特有种共有 74 科 226 属 429 种，其中裸子植物 3 科 3 属 3 种，被子植物 71 科 223 属 426 种。保护区内有 21 个中国特有分布属和 12 种赤水特有分布种，如小黄花茶(*Camellia luteoflora*)、美丽红山茶(*Camellia delicata*)、赤水凤仙花(*Impatiens chishuiensis*)、匙叶凤仙花(*Impatiens spathulata*)和爬竹(*Ampelocalamus scandens*)等。

1.3.1.3 动物多样性

赤水桫椤保护区内共有 308 种脊椎动物，其中兽类 60 种(8 目 21 科 45 属)、鸟类 180 种(17 目 47 科)、爬行类 33 种(2 目 7 科 24 属)、两栖类 23 种(6 科 13 属)、鱼类 12 种(5 科 12 属)。国家一级重点保护野生动物包括豹(*Panthera pardus*)、云豹(*Neofelis nebulosa*)和林麝(*Moschus berezovskii*)三种，国家二级

重点保护野生动物有 25 种(兽类 11 种,鸟类 14 种)。此外,贵州省级重点保护动物有 61 种,中国特有种有 43 种。

其他动物资源同样丰富,包括昆虫 19 目 177 科 844 属 1 278 种,蜘蛛 26 科 91 属 180 种,环节动物 2 纲 2 目 3 科 5 属 14 种,软体动物 2 纲 4 目 15 科 23 属 45 种,甲壳动物 2 目 5 科 6 属 10 种。

1.3.2 主要保护对象

赤水桫椤保护区内生物资源丰富,拥有众多珍稀濒危野生动植物。国家一级重点保护野生植物包括红豆杉、南方红豆杉和伯乐树三种,国家二级重点保护野生植物有 16 种。脊椎动物中,国家一级重点保护野生动物有豹、云豹和林麝三种,国家二级重点保护野生动物有 25 种。这些珍稀濒危动植物及其栖息地是保护区的主要保护对象。作为野生植物类型的自然保护区,赤水桫椤国家级自然保护区以大面积集中分布的桫椤群落著称,是国内罕见的高密度桫椤栖息地。

1.4 生物多样性特点

1.4.1 典型的中亚热带常绿阔叶林生态系统

赤水桫椤保护区内丰富的植被类型和独特的丹霞地貌系统构成了多样的生态系统。赤水市位于中亚热带暖湿季风区,长期的地质地貌演化形成了暖湿、偏酸的生态环境,拥有众多独特的地貌特征,如河流、沟谷、湖泊、山地、沼泽、洞穴和悬崖等。

长期稳定的水热条件和较少的人为干扰,促使原生生境类型得以保存。保护区内拥有 7 种植被类型,37 个群系。在垂直地带性方面,海拔 700 m 以下的沟谷地带因多雾阴湿环境,形成了南亚热带雨林层片和典型亚热带常绿阔叶林;海拔 700～1 200 m 的中山地区以典型的亚热带常绿阔叶林为主,还包括常绿落叶阔叶混交林及演替过渡阶段的针阔混交林;海拔 1 200～1 700 m 的山顶较寒冷,植被类型包括具有暖温带特色的落叶阔叶混交林和次生落叶、阔叶混交林。这些不同海拔层次的植被带为野生动物提供了多样且复杂的栖息环境。

1.4.2 丰富的生物多样性

赤水桫椤保护区内维管植物共有 2 048 种,包括蕨类植物 38 科 80 属 241 种,种子植物 154 科 705 属 1 802 种。种子植物区系地理成分复杂,共包含 11 种分布区类型及 7 种变型。种子植物科中，中国 15 个大的分布区类型有 14 种出现在保护区内，显示出中亚热带植物区系和植被的特性，同时兼具南亚热带的一些属性。

脊椎动物方面，共有 308 种，其中鸟类种类最多，有 180 种，兽类 60 种，爬行类 33 种，两栖类 23 种，鱼类 12 种。雀形目鸟类占鸟类总数的 68.33%，以画眉科（19 种）、鹟科（16 种）和莺科（13 种）为主。兽类中，啮齿目和食肉目分别占总数的 26.67% 和 28.33%，翼手目占总数的 20%。鼠科种类最为丰富，共 10 种，鼬科 7 种。两栖类和爬行类在同类型保护区中种类较多，分别占贵州省两栖、爬行动物种数的 36.51% 和 34.65%。保护区生态环境优越，是研究两栖爬行类动物的理想基地。

根据张荣祖《中国动物地理》（2011），保护区脊椎动物区系以东洋界成分为主，古北种和广布种相当，古北种主要包括鸟类及部分兽类，两栖动物和爬行动物中无古北界成分。

1.4.3 丰富的珍稀濒危物种及地方特有种

赤水桫椤保护区内分布有大量原生性中生代孑遗植物桫椤，其是国家重点保护野生植物的重要组成部分，体现了保护区主要保护对象的特殊性。保护区内共有 28 种国家一级和二级重点保护野生动物，中国特有分布种有 472 种，其中植物特有种有 429 种，动物特有种有 43 种。特有植物中，地方特有种有 20 余种，竹亚科有 6 个特有种，山茶科有 4 个特有种，尤其以小黄花茶最为著名。

主要保护对象桫椤属植物包括桫椤、粗齿黑桫椤（*Gymnosphaera denticulata*）、大叶黑桫椤（*Alsophila gigantea*）和小黑桫椤（*Alsophila metteniana*）4 种。桫椤在保护区内生长茂盛，植株高 4～6 m，最高不超过 8 m，植株粗壮，更新良好，主要集中在金沙沟、南广沟、甘沟和葫市沟一带，形成以桫椤为主的群落，这在国内极为罕见。赤水桫椤保护区是目前国内已知桫椤分布最集中、种群数量最大的地区之一，被誉为"赤水河畔的桫椤王国"。

保护区内的珍稀特有植物中，小黄花茶尤为重要。小黄花茶属于山茶科（*Theaceae*），是在贵州发现的山茶属特有种。其花朵较小但色泽鲜艳，是黄色山茶品系的重要种质资源，具有重要的物种遗传资源保护价值。该种目前仅分布于赤水市，主要集中在保护区闷头溪保护点，种群数量稀少，是一种极具保护价值的特有植物。

第二章

监测目标及对象

2.1 监测目标

建立赤水桫椤自然保护区生物多样性监测体系,开展核心物种监测,迅速提升保护区生物多样性保护业务水平,使赤水桫椤保护区形成思路清晰、科研力强、管护有力、保育有方、兼顾发展、功能齐全、发展科学的一整套完善的生物多样性保护工作体制。通过开展监测,主要达到下列目标:

(1)建立完善的生物多样性监测样地、样线,构建长期监测数据收集体系;

(2)建立完善的植物多样性监测体系,对自然保护区内典型植物群落、桫椤、小黄花茶等主要保护对象的种群分布、数量、结构及其变化趋势、生境变化与受威胁状况等进行业务化长期监测;

(3)建立完善的动物多样性监测体系,实时掌握自然保护区内主要陆生脊椎动物的种类和种群密度数据状况,分析区内哺乳类、鸟类和两栖爬行类动物的物种多样性、分布格局及其变化趋势;

(4)掌握自然保护区生物多样性保护存在的主要问题和威胁,明确保护成效,提出科学有效的保护管理建议,为进一步强化保护区生物多样性的保护提供强有力的技术支撑。

2.2 监测对象

2.2.1 植物多样性

(1)典型生物群落动态变化监测

监测保护区内典型生物群落的结构特征(垂直结构和水平格局)和演替趋势

的动态变化，以及本地区在生物多样性保护中的关键物种和外来入侵种，以反映保护区生物资源的变化特点与动态趋势。

（2）重要物种动态变化监测

主要监测保护区内的桫椤、小黄花茶等主要保护对象，针对其种群分布、数量、结构及其变化趋势、生境变化与受威胁状况等开展监测。

（3）人类活动产生影响监测

主要针对当地原住民社区的生产生活、社会发展等对保护区主要保护对象造成一定威胁的人类活动，为保护区制定相应的保护管理对策提供科学依据与基础资料。

2.2.2　动物多样性

将保护区内所有的陆生脊椎动物纳入监测对象，包括哺乳类、鸟类、两栖类和爬行类，尤其重点关注被列入国家重点保护野生动物名录的物种，《濒危野生动植物种国际贸易公约》(CITES)、《中国生物多样性红色名录》及其他公约或协定中所列物种，有重要生态、科学、社会价值的陆生野生动物（"三有"保护动物）。

另外，着重关注我国特有种、环境指示种、旗舰种、伞护种及生态关键种，开发利用过度、资源匮乏的物种以及在保护管理上有重要意义的物种。

第三章

工作组织

3.1　任务分工

生态环境部南京环境科学研究所(以下简称"南京所")负责项目主持、实施方案制定等工作,主要包括:编制监测方案,同其他技术支撑单位开展研讨交流,确保监测方案的可行性和监测工作的顺利开展;负责植物多样性监测工作;负责鸟类多样性监测工作;通过数理统计方法分析哺乳类红外相机监测数据;审核其他技术支撑单位的监测数据并提出意见;通过数据集成和文稿统筹完成项目报告等。为确保项目顺利实施,成立以南京所为主要依托的项目技术专家组,科学制定项目和课题实施方案,全面论证,统一布置任务,分工协作,分步实施。

南京所成立于1978年,是生态环境部直属公益性科研机构,也是我国最早开展环境保护科研的院所之一。自成立以来,一直以生态保护与农村环境为主要研究方向,致力于前瞻性、战略性、基础性及应用性环境课题的研究。科研范围涵盖生态保护与修复、自然保护与生物多样性、农村环境管理、有毒有害化学品生态效应与污染控制、土壤污染防治以及流域生态保护与水污染防治等6个领域,已建成国家环境保护农药环境评价与污染控制、国家环境保护生物安全、国家环境保护土壤环境管理与污染控制三个部级重点实验室,装备了国内一流的仪器设备千余台(套)。

南京所现有在职职工776人,其中中国工程院院士1名、十余位科研人员享受国务院批准的特殊津贴,高级职称198人,博士228人,形成了一支以知名专家为引领、各领域科研骨干为依托、青壮年科技人员为主体的创新人才队伍。建所四十余年来,共完成大、中型项目千余项,在国内外重要学术期刊上发表论文3 200余篇,出版专著140余部,获得国家发明和实用新型专利1 000余项,获国家和省部级科技进步奖85项,"十三五"期间,全所共主持制订并由国家相关部委颁布实施了200余项国家环境保护标准、技术规范、技术政策等,为国家环境管理决策提供了有力的科技支撑，为各地的生态建设和污染防治提供了全方位的技术支持和服务。在自然保护区和生物多样性研究领域，近年来主持"中国重要生物物种资源监测与保育关键技术研究与应用示范""中国生物多样性保护战略与行动计划""全国生物物种资源调查项目""自然保护区立法研究"等国家科技支撑、公益行业专项、环境保护科技项目和国际合作研究项目多项。

本项目承担单位还包括赤水桫椤国家级自然保护区管理局、西南大学和贵州大学。赤水桫椤国家级自然保护区管理局主要负责红外触发相机的布设、数据下载、电池更新等工作。西南大学生命科学学院负责植物监测工作，主要负责植物的定期调查和调查数据的整理等。西南大学是教育部直属，教育部、农业农村部、重庆市共建的重点综合大学，是国家"双一流"建设高校，"211工程"和"985工程优势学科创新平台"建设高校。学校学科门类齐全，综合性强、特色鲜明。现有53个一级学科，其中2个国家"双一流"建设学科；有30个一级学科博士学位授权点、5种专业博士学位，51个一级学科硕士学位授权点、35种专业硕士学位；有博士后科研流动站（工作站）30个。贵州大学负责哺乳类、两栖爬行类动物的调查监测及数据整理工作。贵州大学为国家"211工程"大学，国家"双一流"建设高校，教育部、贵州省人民政府"部省合建"高校。学校现有世界一流建设学科1个、国家级重点学科1个、部省合建高校服务地方特色产业学科群2个、国内一流建设学科11个、区域一流建设学科10个；有一级学科博士学位授权点22个、专业博士学位授权点4个；一级学科硕士学位授权点50个、专业硕士学位授权点28个；有全国重点实验室1个、省部共建国家重点实验室1个，部级以上科研平台26个，省级科研平台57个，博士后科研流动站10个。

3.2　进度安排

根据《贵州赤水桫椤国家级自然保护区生物多样性监测方案》（以下简称《监测方案》）和项目要求，对于植物多样性监测共开展了3次正式野外调查。动物多样性监测中，鸟类2015—2016年度监测开展了3次，两栖爬行类2015年度和2016年度每年开展一次，哺乳类2015年度和2016年度通过红外相机全年开展监测。具体时间安排见表3-1。

表3-1　赤水桫椤生物多样性监测进度安排表

时间	植物多样性监测	动物多样性监测
2015.04	监测人员培训	开展鸟类预调查

续表

时间	植物多样性监测	动物多样性监测
2015.06	踏查,召开专家咨询会	鸟类繁殖期调查
2015.08—2016.06	—	红外相机监测
2015.08	建立样地,开展第一次野外调查	两栖爬行类调查
2015.10	—	鸟类迁徙期调查
2016.01	—	鸟类越冬期调查
2016.04—2016.05	—	两栖爬行类调查
2016.04	—	完成鸟类调查报告
2016.06—2017.04	—	红外相机监测
2016.07—2016.09	开展第二次野外调查	—
2017.07—2017.08	开展第三次野外调查	—
2018.02	完成生物多样性监测报告	

第四章

植物多样性监测

4.1 总体布局

根据赤水桫椤保护区地形地貌、植被分布特点及保护区植被保护需要,结合生态环境部南京环境科学研究所制定的《监测方案》,科学选取及设置监测样地,开展维管植物生物多样性监测。

4.1.1 布局原则

(1)科学性原则

开展植物生物多样性监测,应明确主要监测对象,选择监测区域内最有代表性和典型性植被分布的样地,覆盖保护区三个功能区,全面反映区内植物资源的变化特点与动态趋势。

(2)可操作性原则

监测计划应考虑所拥有的人力、资金和后勤保障等条件,监测样地应具备一定的交通条件和工作条件。

(3)干扰最小化原则

样地设置和开展监测过程中应该减少对保护区自然生态系统和保护物种的影响,采集标本时应尽量降低对植物体的损伤。对于桫椤和小黄花茶等珍稀濒危植物应采用非损伤取样方法。

(4)稳定性和长期性原则

植物生物多样性监测属于业务化长期监测,要求定期回访,以便于和历史资料进行有效对比分析。监测对象、监测样地、监测方法、监测时间和频次一经确定,应长期保持固定,不能随意变动。

（5）安全性原则

监测具有一定的野外工作特点,赤水桫椤保护区地势起伏较大,部分观测对象如小黄花茶分布在陡峭的山崖周边,观测者应具有相关专业背景并接受相关专业培训,增强安全意识,做好防护措施。

4.1.2　植物多样性监测总体布局

开展赤水桫椤保护区维管植物群落多样性动态变化监测,应依据监测区域内最有代表性和典型性植被分布的样地、保护区地形地貌、植被分布特点及植被管护需要,科学选取监测样地;主要采用设置森林大样地、小型固定样地及样带相结合的方式,具体监测样地总体布局见表 4-1,总体布局示意图见附图三。

表 4-1　贵州赤水桫椤国家级自然保护区植物多样性监测总体布局

监测对象	建设地点	主要植被类型	样地设置
典型植物群落动态变化	板桥沟桃竹岩	山地常绿阔叶林	2 个大样地 （1 公顷）
	金沙沟大水岩	沟谷常绿阔叶林	
	各功能区	（1）马尾松林	8 个小样地 （20 m×20 m）
		（2）亮叶桦林	
		（3）枫香＋四川大头茶混交林	
		（4）栲树林	
		（5）润楠＋楠木林	
		（6）毛竹林	
		（7）竹叶榕灌草丛	
		（8）桫椤＋芭蕉＋罗伞灌草丛	
重要物种动态变化	葫市沟	桫椤种群	3 个小样地 （20 m×20 m）
	闷头溪	小黄花茶种群	3 条样带 （20 m×30 m）
人类活动产生影响	金沙沟 葫市沟	毛竹、桫椤种群	3 个小样地 （20 m×20 m） 3 条样带 （20 m×60 m）

本监测主要从三个方面选取监测指标,其中典型维管植物监测指标是本次监测中的基础指标,重要物种监测和人类活动产生影响监测的监测指标是在基础指标上增加的专项监测,实际监测中应包含基础指标。

（1）调查记录指标

植物调查范围包括种子植物、蕨类植物等维管植物，以主要保护对象、珍稀濒危及国家重点保护植物为调查重点。调查指标主要包括生境条件、植被类型、植物地理区系、种类组成、分布位置、种群数量、群落优势种、群落建群种、盖度、频度、生活力、物候期等。生态系统类型依据《中国植被》，根据群落建群种来确定。同时拍摄彩色图片，并采集重点植物标本。

（2）固定样地（或样方、样带和样线）的标识系统

植物生物多样性监测属于业务化长期监测，要求定期回访，为便于和历史资料的有效对比和分析，必须对固定监测样地做好边界标识系统。

先在监测区域内选取少数几个关键标志点，做好经纬度坐标记录，并埋设较为醒目的标桩，标杆选择粗 15 cm，露出地面 1.2 m 的规格。其余固定样地的位置通过和关键标志点的距离，利用 GPS 测算确定，最后在地形图上绘制监测样地的具体位置。

4.1.3　监测指标与数据分析

（1）物种丰富度

表征群落中包含多少个物种的量度，具体指某一植物群落中单位面积内拥有的物种数，也可称之为种的饱和度。

物种丰富度（S）＝样地中物种数/样地植株数

（2）多样性指数

从研究植物群落出发，物种多样性（species diversity）是指一个群落中的物种数目和各物种的个体数目分配的均匀度。它不仅反映了群落组成中物种的丰富程度，也反映了不同自然地理条件与群落的相互关系，以及群落的稳定性与动态，是群落组织结构的重要特征。

测定物种多样性主要采用以下 3 种公式：

①Simpson 指数

Simpson 指数又称优势度指数，是对多样性的反面集中性的度量。它假设从包括 N 个个体的 S 个种的集合中（其中属于第 i 种的有 n_i 个个体，$i=1$，$2,3,\cdots,S$），随机抽取 2 个个体并且不再放回，如果这两个个体属于同一物种的概率大，则说明集中性高，即多样性程度低。其概率可表示为：

$$\lambda = \sum_{i=1}^{S} \frac{n_i(n_i-1)}{N(N-1)}, i=1,2,3,\cdots,S \qquad (4-1)$$

式中：n_i——第 i 个种的个体数；

N——所有的个体总数。

当把群落当作一个完全的总体时，得出的 λ 是个严格的总体参数，没有抽样误差。为了克服由此带来的不便，Greenberg 建议用下式作为多样性测度的指标：

$$D_s = 1 - \sum_{i=1}^{S} \frac{n_i(n_i-1)}{N(N-1)} \tag{4-2}$$

如果一个群落有 2 个种，其中一个种有 9 个个体，另一种有 1 个个体，其多样性指数(D_s)等于 0.2；若这两个种，每个种各有 5 个个体，其多样性指数等于 0.4，显然后者的多样性较高。

②Shannon-Wiener 指数

Shannon-Wiener 指数原来用于表征在信息通信中的某一瞬间，一定符号出现的不定度以及它传递的信息总和。在这里用于表征群落物种多样性，即从群落中随机抽取一个一定个体的平均不定度；当物种的数目增加，已存在的物种的个体分布越来越均匀时，此不定度明显增加。可见 Shannon-Wiener 指数为变化度指数，群落中的物种数量越多，分布越均匀，其值就越大。计算公式为：

$$H = -\sum P_i \ln P_i$$

$$P_i = \frac{n_i}{N} \tag{4-3}$$

式中：n_i 为群落中第 i 种植物单位数，它既可以是植物的个体数，也可以是其他定量指标，如盖度(C)、优势度(D)、重要值(I)等，此处采用个体数指标，即 n_i 为样地中某一层次第 i 个物种的个体数；N 为该层次所有物种个体数之和；P_i 为第 i 个物种的个体数占总个体数的比例。

③Pielou 均匀度指数

群落均匀度指的是群落中不同物种多度的分布，Pielou 把它定义为实测多样性和最大多样性(给定物种数 S 下的完全均匀群落的多样性)之比。多样性量度不同，均匀度测度方法也不同。

这里在 Shannon-Wiener 指数基础上的 Pielou 均匀度指数(J)为：

$$J = \frac{-\sum P_i \ln P_i}{\ln S} \tag{4-4}$$

以上几种多样性指数实际上是从不同的方面反映群落组成结构特征。一个生态优势度较高的群落，由于优势种明显，优势种的植物单位数(个体数、盖度、优势度、重要值等)会显著高于一般的物种而使群落的均匀度降低。可见生态优势度指数与均匀度指数是两个相反的概念,前者与物种多样性呈负相关关系,后者与物种多样性呈正相关关系。这样就比较容易理解为什么一个物种多、个体数也多,但分布不均匀的群落,在物种多样性指数上却和物种少、个体数也少,但分布均匀的群落相似。一般来说,几个指标只有同时使用才有可能如实地反映群落的组成结构水平。

(3) 重要值

在森林研究中常常使用重要值表示一个树种的优势程度,按下式计算:

重要值＝(相对密度＋相对优势度＋相对频度)／3　　　　　　　(4-5)

相对密度＝(某一种的个体数／全部种的个体总数)×100%　　　(4-6)

相对优势度＝(某一种的基面积之和／全部种的基面积之和)×100%　(4-7)

相对频度＝(某一种的频度／全部种的频度之和)×100%　　　(4-8)

(4) 种群年龄结构

主要对桫椤和小黄花茶的种群年龄结构开展监测。

桫椤:桫椤的生长周期比较长,可达数百年,其年龄难以完全跟踪调查,根据前人的研究经验,采用胸径或树高作为研究木本蕨类植物个体大小的指标,具有良好的一致性。对于无明显径向生长的棕榈科或桫椤科植物,用高度作为龄级估测参数比较科学。鉴于桫椤无径向生长的特征,选用茎干高度作为个体大小的指标研究其种群大小结构,参考有关种群的大小级划分方法来进行划分,绘制桫椤种群年龄分布结构图。

小黄花茶:小黄花茶属于长寿命的多年生灌木,种群的年龄结构在野外不易测定,故采取空间代替时间的方法,即用立木的大小级结构代替年龄结构来分析种群的结构和动态。根据野外调查发现的小黄花茶生活史特点和人工栽培研究,参考有关种群的大小级划分方法来进行划分,绘制小黄花茶种群年龄分布结构图。

(5) 植物密度

植物种群密度按下式计算:

$$D = \frac{N}{A} \tag{4-9}$$

式中:D——种群密度,株(丛)/m²;

　　　N——样方内某种植物的个体数,株(丛);

　　　A——样方面积,m²。

注:对不易分清根茎的禾草的地上部分,可以把能数出来的独立植株作为一

个单位,而灌丛禾草则应一丛为一个计数单位。丛和株并非等值,所以必须同它们的盖度结合起来才能获得较正确的判断。特殊的计数单位都应在样方登记表中加以注明。

(6) 植物盖度

植物盖度包括总盖度、层盖度、种群盖度和个体盖度。

总盖度:指一定样地面积内原有生活着的植物覆盖地面的百分率,包括乔木层、灌木层、草本层、苔藓层的各层植物。实际监测中,总盖度数据通常根据经验目测获得。

层盖度:指各分层的盖度,包括样地乔木层盖度、样地灌木层盖度、样地草本层盖度和样地苔藓层盖度等。实际监测中,层盖度数据根据经验目测获得。

种群盖度:指各层中每种植物所有个体的盖度,植物种群盖度一般用投影盖度表示。投影盖度是指某种植物植冠在一定地面所形成的覆盖面积占地表面积的比例,投影盖度根据下式计算:

$$C_c = \frac{C_i}{A} \times 100\% \tag{4-10}$$

式中:C_c——投影盖度,%;

C_i——样方内某种植物植冠投影面积之和,m^2;

A——样方水平面积,m^2。

个体盖度:通常指单个乔木的冠幅,是以个体为单位,实际监测中通过直接测量获得。

(7) 植物高度

植物高度包括样地乔木树高、枝下高以及样地灌木和样地草本的种群高度。

样地乔木树高:指一棵树从平地到树梢的自然高度(弯曲的树干不能沿曲线测量)。实际监测中,可采用测高仪(例如魏氏测高仪)在群落中先测定一株标准木,然后利用目测的方法对其他乔木进行估测。

枝下高:干高,指树干上最大分枝处的高度,这一高度大致与树冠的下缘接近,干高的估测与树高相同。

种群高度(H):应以该植物成熟个体的平均高度表示,按下式计算:

$$H = \frac{\sum h_i}{N_i} \tag{4-11}$$

式中:H——种群高度,m;

$\sum h_i$——样方内第 i 种植物个体的高度之和，m；

N_i——第 i 种植物个体数，株。

（8）植物频度

植物种群频度计算公式为：

$$F = \frac{Q_i}{\sum Q} \times 100\% \qquad (4-12)$$

式中：F——种群频度，%；

Q_i——某种植物出现的样方数，个；

$\sum Q$——调查的全部样方数，个。

（9）静态生命表

种群动态是植物种群在环境条件下长期适应和选择的结果，是种群生态学研究中的核心问题。种群调查与统计是种群数量动态研究的基本方法，其核心是构建一个按照种群各年龄组排列的存活率和生殖率的一览表，即生命表（life table）。通过生命表分析，揭示种群结构与更新现状。生存分析是指根据试验或调查得到的数据对生物或人的生存时间进行分析和推断，研究生存时间与众多影响因素间的关系及其程度大小的方法。

静态生命表编制是空间代替时间和横向推纵向，即特定时间存在的特定种群不同年龄个体数代替各年龄期种群个体数，所以有可能不满足编制静态生命表的三个假设。在统计过程中，如果较小年龄级的个体数小于下一年龄级的个体数，可以采用匀滑技术处理。

静态生命表含有以下栏目：

①x：年龄级；

②l_x：x 年龄级开始时标准化存活数（一般转换为 1 000）；

③d_x：x 年龄间隔（x 到 $x+1$）的标准化死亡数；

④q_x：x 年龄级死亡数与年龄级开始时个体数 l_x 的比例，表示 1 000 个个体在该年龄级开始时的存活率（$q_x = d_x/l_x \times 1000$）；

⑤L_x：x 到 $x+1$ 年龄级存活的平均个体数；

⑥T_x：x 年龄级至超过 x 年龄级的个体总数（$T_x = \Sigma L_x$）；

⑦e_x：进入 x 年龄级个体的生命期望或平均余生（$e_x = T_x/l_x$）；

⑧a_x：在 x 年龄级开始时存活实际数量；

⑨$\ln a_x$：实际存活数的对数；

⑩$\ln l_x$:标准存活数的对数;

⑪k_x:消失率($k_x = \ln l_x - \ln l_{x+1}$)。

（10）种群存活曲线

存活曲线是生命表中以时间间隔为横坐标,把 l_x 的数据作为纵坐标而得到的反映种群生命过程的曲线。以个体存活数量的对数(即 k 的对数值)为纵坐标,以直径为横坐标,作生存曲线图。

本研究在生存分析中引入了种群生存率函数,利用种群生存率函数 S_i、累计死亡率函数 F_{ti}、死亡密度函数 f_{ti} 和危险率函数 λ_{ti} 这 4 个生存函数辅助分析种群生命表,从而能更好地阐明种群在生活史阶段的生存变化规律。重要的是可以通过死亡密度函数甄别出高危生活史阶段,并将其作为分析种群更新瓶颈的参照点。

其计算公式如下:

$$S_i = S_1 \times S_2 \times S_3 \times \cdots \times S_i \tag{4-13}$$

$$F_{ti} = 1 - S_i \tag{4-14}$$

$$f_{ti} = (S_{i-1} - S_i)/h_i \tag{4-15}$$

$$\lambda_{ti} = 2q_i/[h_i(1 + p_i)]$$

$$p_i = 1 - q_i \tag{4-16}$$

式中:i 为龄级;ti 为累计龄级数;h_i 为龄级宽度;q_i 为死亡率。根据上述 4 个生存函数的估算值,绘制出生存曲线和累计死亡率曲线、死亡密度曲线和危险率曲线。

4.2 典型植物群落多样性动态变化监测

4.2.1 监测方法

4.2.1.1 森林大样地监测方法

（1）样地选择:板桥沟桃竹岩、金沙沟大水岩等。

（2）样地面积:2 个×1 公顷/个。

（3）样地标定:

由于样地处于峡谷或者山坡地带,因此确定大样地界线、定点,采用坡度位差及 GPS 位点标记进行初步划分。由于部分大样地地势崎岖,未能按正方形进行标记。大样地划分为 20 m×20 m 的单元格进行调查。

金沙大样地标记为 JS,位于遵义赤水市葫市镇,坐标为 28°25′04.77″N,

106°01′07.90″E，海拔跨度 516～573 m，坡度 18°，坡向东偏南 27°，样地处于山坡到河谷过渡地带，依据植被分布和地形，金沙样地设置为长条状，见图 4-1。对每个样方的顶点编号并永久标记，见图 4-2；用卷尺、测绳和便携式激光测距仪将每个 20 m×20 m 样方划分为 5 m×5 m 小样方，样方顶点用临时 PVC 管标记，边界用塑料绳或其他材料临时标记，这些 5 m×5 m 样方作为胸径（DBH）≥1 cm 乔木和灌木的基本观测单元；观测任务完成后全部移除这些临时标记，并做无害化处理。

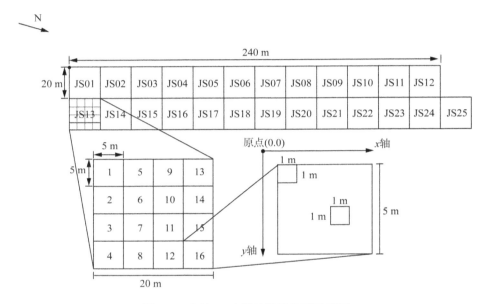

图 4-1　金沙 JS 大样地设置位置示意图

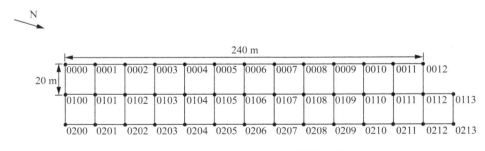

图 4-2　金沙 JS 大样地顶点设置示意图

在每个 20 m×20 m 样方内随机或系统设置一个 1 m×1 m 样方，用于草本植物及 DBH<1 cm 乔木和灌木植物观测；对 1 m×1 m 样方顶点编号并永久标记，边界用塑料绳临时标记。

板桥沟元厚大样地标记为 YH,位于遵义赤水市元厚镇,坐标为 28°21′52.38″N,106°00′48.64″E,海拔跨度 906～973 m,坡度 27°,北偏东 27°,样地处于山坡到绝壁过渡地带,依据植被分布和地形,元厚样地设置见图 4-3。对每个样方的顶点编号并永久标记,见图 4-4;最后,用卷尺、测绳或便携式激光测距仪将每个 20 m× 20 m 样方划分为 5 m×5 m 小样方,样方顶点用临时 PVC 管标记,边界用塑料

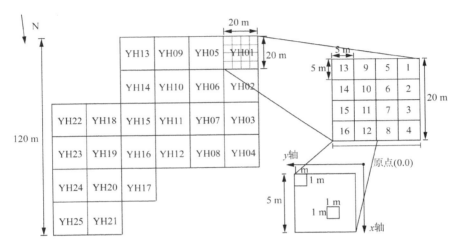

图 4-3　元厚 YH 大样地建设示意图

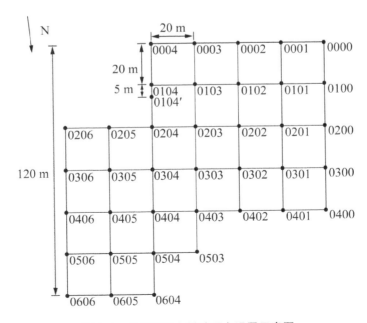

图 4-4　元厚 YH 大样地顶点设置示意图

绳或其他材料临时标记,这些 5 m×5 m 样方作为胸径(DBH)≥1 cm 乔木和灌木的基本观测单元;观测任务完成后全部移除这些临时标记,并做无害化处理。

(4)观测内容:乔木层包括植物种类、胸径、高度等;灌木层包括种类、株数/多度、平均高度、盖度等;草本层包括植物种类、每种植物的多度、叶层平均高度、植被盖度和高度等。

4.2.1.2　小型固定样地监测方法

(1)样地选择:保护区各功能区。

(2)样地面积:8 个×400 m²/个。

(3)小型固定样地标定:

根据不同群系在保护区内的分布面积,在每一个植被型中选取一个分布面积大,类型典型的群系设置小型固定样地(20 m×20 m)开展维管植物生物多样性监测,共计 8 个小样地,分别设置为 DXA—DXH,样地信息见表 4-2。

表 4-2　小型固定样地信息

样地	经度	纬度	海拔(m)	坡度	坡向
DXA(毛竹林)	106°00′50.78″	28°25′37.04″	497	27°	北偏东 40°
DXB(桫椤+芭蕉+罗伞)	106°00′51.22″	28°25′39.91″	491	20°	南偏东 48°
DXC(竹叶榕灌草丛)	106°00′48.31″	28°25′40.78″	496	21°	南偏东 41°
DXD(枫香+四川大头茶)	106°00′03.38″	28°21′47.74″	577	35°	北偏西 30°
DXE(马尾松林)	105°59′47.67″	28°21′42.89″	669	28°	北偏西 65°
DXF(亮叶桦林)	106°00′27.74″	28°21′42.80″	898	37°	南偏西 62°
DXG(润楠+楠木林)	106°00′48.01″	28°21′53.29″	911	15°	北偏东 27°
DXH(栲树林)	106°00′54.99″	28°22′00.68″	913	12°	南偏西 25°

典型样地设置以 DXA 为例,见图 4-5。对样方内乔木层植物进行每木检尺(胸径大于 1 cm),再在每个样方内选取 1 个 5 m×5 m 的灌木层样方和 2 个 1 m×1 m 的草本层样方进行灌木和草本植物种类、盖度、高度等指标调查,并对样地的郁闭度、海拔、坡度、坡位等进行调查记录。

(4)观测内容:乔木层包括植物种类、胸径、高度等;灌木层包括种类、株数/多度、平均高度、盖度等;草本层包括植物种类、每种植物的多度、叶层平均高度、植被盖度和高度等。

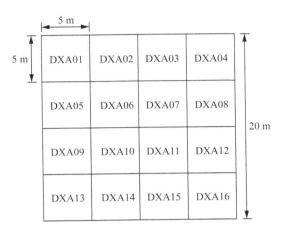

图4-5 典型样地设置示意图

4.2.2 监测结果

4.2.2.1 森林大样地监测结果

1. 群落结构分析

（1）群落外貌

群落的外貌是群落长期适应外界环境的一种外部表征,在一定地区的自然环境条件下,群落表现为一定的外貌。不同的植被类型之间,其外貌特征不同。群落的外貌主要由林冠层(乔木层)中的优势树种来表现。

金沙大样地热带雨林层片的常绿阔叶林乔木层主要优势种有芭蕉(*Musa basjoo*)、粗糠柴(*Mallotus philippensis*)、粗叶木(*Lasianthus chinensis*)、红果黄肉楠(*Actinodaphne cupularis*)、川钓樟(*Lindera pulcherrima*)、茜树(*Aidia cochinchinensis*)、罗伞(*Brassaiopsis glomerulata*)等。其中,芭蕉数量最多,是保护区河谷小气候区域群落的主要共建种,群落的外貌主要由芭蕉来表现,群落外貌颜色表现为浅绿色,掺杂少许深绿色小块斑,林冠形状单一,外貌的季相变化不明显。

元厚大样地中亚热带常绿阔叶林乔木层主要优势种有赤杨叶(*Alniphyllum fortuner*)、杉木(*Cunninghamia lanceolata*)、米槠(*Castanopsis carlesii*)、灯台树(*Bothrocaryum controversum*)、盐肤木(*Rhus chinensis*)、黄杞(*Engelhardia roxburghiana*)、毛桐(*Mallotus barbatus*)、细枝柃(*Eurya loquaiana Dunn*)、亮叶桦(*Betula luminifera*)等,包括一些常绿阔叶树和落叶树,尤其以赤杨叶重要值最大,是群落主要共建种。群落外貌颜色主要表现为深绿色,同时

夹杂着浅黄色,林冠的形状较为复杂多样,外貌的季相变化不明显,局部有差异。

生活型谱是植物群落外貌特征分析的重要参数,是植物对相同环境条件趋同适应的结果。依照 Raunkiaer 提出的生活型分类系统,对金沙样地的 104 个和元厚样地的 123 个物种生活型谱进行分析,结果显示:两样地均表现为高位芽植物占比最大,金沙样地和元厚样地分别为 74%(77 种)和 76%(94 种);地上芽植物分别有 12 种和 8 种,分别占总种数的 12% 和 7%;两个样地的地下芽植物均为 11 种,分别占总种数的 11% 和 9%;地面芽植物较少,分别为 4 种和 7 种,分别占总种数的 4% 和 6%;金沙样地没有一年生植物,元厚样地仅 3 种一年生植物,占总数 2%。在占比最大的高位芽植物中,以小高位芽为主,金沙和元厚样地分别有 34 种和 42 种(图 4-6)。

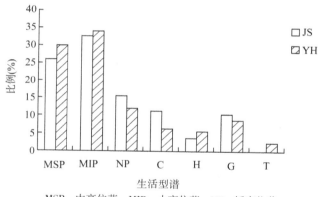

MSP:中高位芽;MIP:小高位芽;NP:矮高位芽;
C:地上芽;H:地面芽;G:地下芽;T:一年生

图 4-6　不同海拔群落物种生活型分布比例

(2) 群落的垂直结构

对样地各结构层的植株高度进行统计,结果发现(表 4-3),乔木层植株高度以 4~8 m 比例最大;金沙样地灌木层植株高度以 1~2 m 比例最大,元厚样地以 2~3 m 比例最大;草本层植株高度以 0~0.4 m 为主,金沙与元厚样地占比分别为 79.2% 和 67.1%,金沙与元厚样地草本层植株高度占比最大的分别为 0~0.2 m 和 0.2~0.4 m。以此,金沙样地群落垂直结构可分为四个层次,乔木层(>8 m)、亚乔木层(3~8 m)、灌木层(1~3 m)和草本层(<1 m);元厚样地群落垂直结构分为四个层次,乔木层(>10 m)、亚乔木层(3~10 m)、灌木层(1~3 m)和草本层(<1 m)。

表 4-3　群落各结构层植株高度分布

层次	植株高度/m	分布比例/%	
		金沙样地	元厚样地
乔木层	$h>12$	1.1	1.9
	$8<h\leqslant12$	9.8	9.8
	$4<h\leqslant8$	45.4	49.0
	$3<h\leqslant4$	43.8	39.3
灌木层	$2<h\leqslant3$	6.3	64.3
	$1<h\leqslant2$	56.3	21.4
	$0<h\leqslant1$	37.5	14.3
草本层	$h>0.6$	9.7	16.4
	$0.4<h\leqslant0.6$	11.1	16.4
	$0.2<h\leqslant0.4$	29.2	43.8
	$0<h\leqslant0.2$	50.0	23.3

　　乔木层径级分布结构见图 4-7,两样地群落乔木层均表现为以胸径小于 8 cm 植株为主,且径级为 0~4 cm 比例最高,金沙和元厚样地平均胸径分别为 8.7 cm 和 6.4 cm,金沙样地径级结构分布呈减少趋势,元厚样地胸径小于 8 cm 所占比例达 67.7%,超过其他径级比例之和。两群落乔木层植物以幼小乔木为主,年龄结构组成属于生长型。

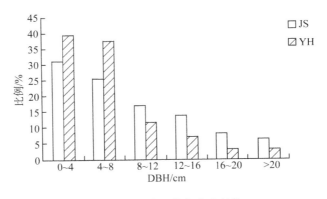

图 4-7　乔木层径级分布结构

　　金沙样地共调查到 95 种种子植物,乔木层主要有粗糠柴、黄牛奶树(*Symplocos laurina*)、茜树、川钓樟、粗叶木、脚骨脆(*Casearia balansae*)、樟(*Cinnamomum camphora*)、楠木、峨眉楠(*Phoebe sheareri*)、细枝柃、罗伞、山矾(*Sym-*

plocos sumuntia）、芭蕉、槐（*Sophora japonica*）、毛桐、糙叶榕（*Ficus irisana* Elmer.）、枫杨（*Pterocarya stenoptera*）、罗浮柿（*Diospyros morrisiana*）、构树（*Broussonetia papyrifera*）、灯台树、栲。亚乔木层除乔木层矮小幼树外，主要有润楠、垂叶榕（*Ficus benjamina*）、革叶槭（*Acer coriaceifolium*）、菱叶冠毛榕（*Ficus gasparriniana*）、岩生厚壳桂（*Cryptocarya calcicola*）、竹叶榕（*Ficus stenophylla* Hemsl.）、紫珠（*Callicarpa bodinieri*）、构树、冠毛榕（*Ficus gasparriniana*）、白木通（*Akebia trifoliata*）、黄果榕（*Ficus benguetensis*）、细齿叶柃（*Eurya nitida*）、木姜子（*Litsea pungens*）、毛叶木姜子（*Litsea mollis*）、青果榕（*Ficus variegata*）、桫椤、光枝楠（*Phoebe neuranthoides*）、密脉木（*Myrioneuron faberi*）、线柱苣苔（*Rhynchotechum obovatum*）、广西大头茶（*Gordonia kwangsiensis*）、十大功劳（*Mahonia fortunei*）、荚蒾（*Viburnum dilatatum*）、山地水东哥（*Saurauia napaulensis*）、金珠柳（*Maesa montana* A. DG）、马比木（*Nothapodytes pittosporoides*）、巴东荚蒾（*Viburnum henryi*）等。灌木层除乔木层和亚乔木层已有物种外，主要有红雾水葛（*Pouzolzia sanguinea*）、老鼠矢（*Symplocos stellaris*）、鼠李（*Rhamnus davurica*）、胡颓子（*Elaeagnus pungens*）、云南九节（*Psychotria yunnanensis*）、鼠刺（*Itea chinensis*）等。

元厚样地共调查到 116 种种子植物，乔木层主要有米槠、臀果木、朴树（*Celtis sinensis*）、短刺米槠、木荷（*Schima superba*）、四川大头茶（*Gordonia acuminata*）、毛脉南酸枣、枫香树（*Liquidambar formosana*）、灯台树、马尾松、樟、亮叶桦、杉木、赤杨叶、川桂（*Cinnamomum wilsonii*）、白栎（*Quercus fabri*）、栲、粗叶木、钝叶柃（*Eurya obtusifolia*）、黄杞。亚乔木层除乔木层矮小幼树外，主要有楠木、盐肤木、油桐（*Aleurites fordii*）、毛叶木姜子、狭叶冬青（*Ilex fargesii*）、穗序鹅掌柴（*Schefflera delavayi*）、杜鹃（*Rhododendron simsii*）、山茶（*Camellia japonica*）、脚骨脆、冬青（*Ilex chinensis*）、野鸦椿（*Euscaphis japonica*）、灯笼花（*Agapetes lacei*）、挂苦绣球（*Hydrangea xanthoneura*）、楤木（*Aralia chinensis*）、麻栎（*Quercus acutissima*）、川桂、胡桃（*Juglans regia*）、五月茶（*Antidesma bunius*）、尾叶樱桃（*Cerasus dielsiana*）、杜仲（*Eucommia ulmoides*）、桤木（*Alnus cremastogyne*）、云贵鹅耳枥（*Carpinus pubescens*）、山胡椒（*Lindera glauca*）、小果蔷薇（*Rosa cymosa*）、蜡莲绣球（*Hydrangea strigosa*）、八角枫（*Alangium chinense*）、短序荚蒾（*Viburnum brachybotryum*）、灰白杜鹃（*Rhododendron genestierianum*）、巴东荚蒾、黄杨（*Buxus sinica*）。灌木层除乔木层和亚乔木层已有物种外，主要有水麻（*Debregeasia orientalis*）、雾水葛（*Pouzolzia zeylanica*）、石楠（*Photinia serrulata*）、长叶水麻（*Debregeasia lon-*

gifolia)、女贞(*Ligustrum lucidum*)、杜茎山(*Maesa japonica*)、金珠柳、崖花子(*Pittosporum truncatum*)、川莓(*Rubus setchuenensis*)、紫珠等。

草本层采取随机抽样调查,金沙样地草本层主要有蕨(*Pteridium aquilinum*)、卵果短肠蕨(*Allantodia ovata*)、楼梯草(*Elatostema involucratum*)、红盖鳞毛蕨(*Dryopteris erythrosora*)、长叶实蕨(*Bolbitis heteroclita*)、山冷水花(*Pilea japonica*)等,蕨类丰富;元厚样地草本层主要有里白(*Diplopterygium glaucum*)、芒萁(*Dicranopteris dichotoma*)、展毛野牡丹(*Melastoma normale*)、翠云草(*Selaginella uncinata*)、红盖鳞毛蕨、卷柏(*Selaginella tamariscina*)、过路黄(*Lysimachia christinae*)等,局部以里白和芒萁为主。

通过对两个群落中DBH≥1 cm所有木本植物的个体个数统计发现,金沙样地群落共有个体2 104个,其中乔木层有610个,亚乔木层有1 034个,灌木层有460个,占该群落样地总个体数的比例分别为28.99%、49.14%和21.86%;元厚样地群落共有个体2 416个,其中乔木层有574个,亚乔木层有1 078个,灌木层有764个,占该群落样地总个体数的比例分别为23.76%、44.62%和31.62%(图4-8)。综合两个样地统计数据,森林群落大样地DBH≥1 cm所有木本植物共计4 520个,其中乔木层有1 184个,亚乔木层有2 112个,灌木层有1 224个。

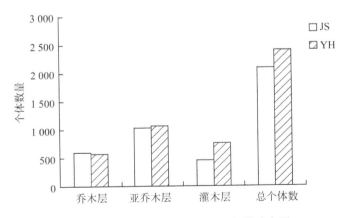

图4-8 两个群落乔灌木层个体数量分布图

2. 群落重要值分析

(1)乔木层树种重要值

通过计算乔木层中树种的重要值发现,在金沙大样地群落的乔木层中,重要值大于2%的物种有12种(表4-4),分别是芭蕉、粗糠柴、粗叶木、川钓樟、罗伞、红果黄肉楠、茜树、糙叶榕、金珠柳、罗浮柿、黄牛奶树、脚骨脆。其中,重要值最大的是芭蕉，达到了 30%，说明芭蕉是金沙大样地群落乔木中最重要的优势种，其次是粗糠柴（10.34%）、粗叶木（6.17%）和川钓樟（6.05%）。芭蕉的相对频度、相对密度、相对优势度都明显大于其他物种，是金沙大样地群落的建群种，对整个群落的作用最大。

表 4-4　金沙大样地乔木层物种重要值

物种名称	相对频度	相对优势度	相对密度	重要值
芭蕉	0.065 6	0.466 7	0.367 8	0.300 0
粗糠柴	0.062 8	0.094 5	0.152 9	0.103 4
粗叶木	0.062 8	0.049 7	0.072 6	0.061 7
川钓樟	0.065 6	0.069 4	0.046 6	0.060 5
罗伞	0.062 8	0.009 2	0.052 5	0.041 5
红果黄肉楠	0.054 6	0.015 7	0.047 2	0.039 2
茜树	0.051 9	0.024 8	0.030 1	0.035 6
糙叶榕	0.046 4	0.023 7	0.028 3	0.032 8
金珠柳	0.038 3	0.013 6	0.026 6	0.026 2
罗浮柿	0.035 5	0.008 7	0.027 2	0.023 8
黄牛奶树	0.035 5	0.042 4	0.010 0	0.029 3
脚骨脆	0.032 8	0.024 0	0.018 9	0.025 2
山矾	0.027 3	0.018 5	0.004 7	0.016 8
毛叶木姜子	0.024 6	0.001 8	0.011 2	0.012 5
楠木	0.016 4	0.016 5	0.003 5	0.012 1
木姜子	0.016 4	0.010 5	0.006 5	0.011 1
桫椤	0.013 7	0.008 6	0.007 1	0.009 8
贵州毛柃	0.013 7	0.009 8	0.005 3	0.009 6
润楠	0.013 7	0.007 3	0.005 3	0.008 8
冠毛榕	0.013 7	0.004 2	0.005 9	0.007 9
巴东荚蒾	0.010 9	0.001 7	0.007 1	0.006 6
岩生厚壳桂	0.010 9	0.008 2	0.002 4	0.007 2
构树	0.008 2	0.003 9	0.003 0	0.005 0
苦树	0.008 2	0.004 2	0.002 4	0.004 9

续表

物种名称	相对频度	相对优势度	相对密度	重要值
柿	0.008 2	0.000 5	0.004 1	0.004 3
槐	0.008 2	0.006 1	0.001 2	0.005 2
白楠	0.008 2	0.004 7	0.001 2	0.004 7
灯台树	0.008 2	0.004 5	0.001 2	0.004 6
竹叶榕	0.008 2	0.001 0	0.003 0	0.004 1
大叶山矾	0.005 5	0.005 5	0.000 6	0.003 9
栲	0.005 5	0.002 8	0.001 8	0.003 4
紫珠	0.005 5	0.000 4	0.003 0	0.003 0
贵州琼楠	0.005 5	0.002 6	0.001 8	0.003 3
毛桐	0.005 5	0.003 2	0.001 2	0.003 3
南酸枣	0.005 5	0.003 4	0.001 2	0.003 4
贵州连蕊茶	0.005 5	0.002 0	0.001 8	0.003 1
绿叶冠毛榕	0.005 5	0.002 2	0.001 8	0.003 2
峨眉楠	0.005 5	0.004 1	0.000 6	0.003 4
枰木	0.005 5	0.001 7	0.001 8	0.003 0
枫杨	0.005 5	0.003 3	0.000 6	0.003 1
垂叶榕	0.005 5	0.002 1	0.001 2	0.002 9
香樟	0.005 5	0.003 1	0.000 6	0.003 1
山地水东哥	0.005 5	0.001 2	0.001 2	0.002 6
马比木	0.005 5	0.000 1	0.001 8	0.002 5
密脉木	0.005 5	0.000 1	0.001 8	0.002 4
十大功劳	0.005 5	0.000 1	0.001 8	0.002 5
线柱苣苔	0.005 5	0.002 1	0.000 6	0.002 7
毛脉南酸枣	0.002 7	0.000 8	0.001 2	0.001 6
粗叶木	0.002 7	0.000 2	0.001 2	0.001 4
广西大头茶	0.002 7	0.000 2	0.001 2	0.001 4
乌柿	0.002 7	0.000 3	0.001 2	0.001 4
樟科	0.002 7	0.000 2	0.001 2	0.001 4

续表

物种名称	相对频度	相对优势度	相对密度	重要值
飞蛾槭	0.002 7	0.000 1	0.001 2	0.001 3
青果榕	0.002 7	0.000 1	0.001 2	0.001 3
细齿叶柃	0.002 7	0.000 1	0.001 2	0.001 3
菱叶冠毛榕	0.002 7	0.000 9	0.000 6	0.001 4
陀螺果	0.002 7	0.000 8	0.000 6	0.001 4
薄叶润楠	0.002 7	0.000 5	0.000 6	0.001 3
川桂	0.002 7	0.000 2	0.000 6	0.001 2
革叶槭	0.002 7	0.000 2	0.000 6	0.001 2
白木通	0.002 7	0.000 1	0.000 6	0.001 1
百两金	0.002 7	0.000 1	0.000 6	0.001 1
光枝楠	0.002 7	0.000 1	0.000 6	0.001 1
猴欢喜	0.002 7	0.000 1	0.000 6	0.001 1
黄果榕	0.002 7	0.000 1	0.000 6	0.001 1
荚蒾	0.002 7	0.000 1	0.000 6	0.001 1
罗浮槭	0.002 7	0.000 1	0.000 6	0.001 1
木荷	0.002 7	0.000 1	0.000 6	0.001 1
臀果木	0.002 7	0.000 2	0.000 6	0.001 2
野独活	0.002 7	0.000 1	0.000 6	0.001 1
中华野独活	0.002 7	0.000 1	0.000 6	0.001 1

在元厚大样地群落中，乔木层重要值大于或等于3.0%的乔木有11种（表4-5），分别是赤杨叶、杉木、亮叶桦、细枝柃、米槠、毛桐、盐肤木、黄杞、灯台树、木荷、钝叶柃。其中，重要值大于4.0%的有7种，大于5%的有3种。重要值最大的是赤杨叶，达到了8.39%，说明赤杨叶是元厚大样地乔木层中最重要的优势种，其次是杉木（5.57%）、亮叶桦（5.04%）和细枝柃（4.41%）。在元厚大样地群落的乔木层中，赤杨叶的相对密度最大，达到了14.66%，说明赤杨叶是元厚大样地群落中数量最多的乔木，其次是杉木（6.55%）和亮叶桦（5.42%），与重要值的排序一致。

就相对频度而言，赤杨叶的相对频度也最大，达到了4.6%，说明在元厚样地群落的乔木层中，赤杨叶的分布最广；其次分别是杉木和亮叶桦，相对频度分别是 4.41% 和 4.21%,说明杉木和亮叶桦的分布也比较广泛。此外,赤杨叶在乔木层中的相对显著度也最大,达到了 5.92%,排名第二的是杉木,相对优势度值为 5.76%,排名第三的是亮叶桦(5.50%)。总之,赤杨叶在相对密度、相对频度、相对优势度和重要值上都是元厚样地植物群落乔木层中比重最大的树种,说明赤杨叶是群落林冠层中明显的优势种,对整个群落的结构和群落环境的形成和维持等贡献较大。

表 4-5 元厚大样地乔木层主要物种重要值

物种名称	相对频度	相对优势度	相对密度	重要值
赤杨叶	0.046 0	0.059 2	0.146 6	0.083 9
杉木	0.044 1	0.057 6	0.065 5	0.055 7
亮叶桦	0.042 1	0.055 0	0.054 2	0.050 4
细枝柃	0.030 7	0.052 7	0.048 9	0.044 1
米槠	0.030 7	0.052 2	0.048 4	0.043 8
毛桐	0.038 3	0.052 2	0.045 4	0.045 3
盐肤木	0.032 6	0.050 6	0.042 5	0.041 9
黄杞	0.034 5	0.042 9	0.026 9	0.034 8
灯台树	0.028 7	0.042 5	0.026 9	0.032 7
木荷	0.028 7	0.039 6	0.026 4	0.031 6
钝叶柃	0.026 8	0.039 4	0.025 4	0.030 5
白栎	0.026 8	0.035 0	0.023 4	0.028 4
木姜子	0.024 9	0.034 4	0.023 0	0.027 4
毛叶木姜子	0.026 8	0.034 0	0.023 0	0.027 9
楠木	0.023 0	0.032 8	0.022 0	0.025 9
毛脉南酸枣	0.023 0	0.028 6	0.019 5	0.023 7
山矾	0.019 2	0.025 3	0.019 1	0.021 2
臀果木	0.023 0	0.021 6	0.017 1	0.020 6
四川大头茶	0.021 1	0.020 1	0.016 6	0.019 3
短序荚蒾	0.021 1	0.016 2	0.016 1	0.017 8
油桐	0.021 1	0.016 2	0.015 6	0.017 6
水麻	0.021 1	0.015 3	0.015 1	0.017 2

续表

物种名称	相对频度	相对优势度	相对密度	重要值
细齿叶枸	0.019 2	0.011 9	0.013 7	0.014 9
杜鹃	0.019 2	0.011 3	0.013 7	0.014 7
朴树	0.017 2	0.010 6	0.012 7	0.013 5
枫香树	0.015 3	0.009 2	0.010 7	0.011 7
粗叶木	0.013 4	0.008 6	0.010 7	0.010 9
岗枸	0.011 5	0.006 7	0.008 8	0.009 0
山茶	0.011 5	0.006 5	0.008 3	0.008 8
漆	0.011 5	0.005 1	0.008 3	0.008 3
大头茶	0.011 5	0.005 0	0.007 8	0.008 1
狭叶冬青	0.011 5	0.005 0	0.007 8	0.008 1
慈竹	0.009 6	0.005 7	0.007 3	0.007 5
樟	0.009 6	0.005 6	0.006 8	0.007 3
楤木	0.007 7	0.004 6	0.007 3	0.006 5
鹅耳枥	0.007 7	0.004 8	0.006 8	0.006 4
茜树	0.007 7	0.004 9	0.006 8	0.006 5
灯笼花	0.007 7	0.004 3	0.006 8	0.006 3
栲	0.007 7	0.002 7	0.004 9	0.005 1
脚骨脆	0.007 7	0.002 9	0.004 4	0.005 0
野鸦椿	0.005 7	0.002 8	0.004 4	0.004 3
冬青	0.005 7	0.002 0	0.004 4	0.004 0
贵州毛枸	0.005 7	0.002 1	0.004 4	0.004 1
苦树	0.005 7	0.004 7	0.002 4	0.004 3
穗序鹅掌柴	0.005 7	0.001 9	0.003 9	0.003 8
麻栎	0.005 7	0.004 1	0.002 4	0.004 1
栗	0.005 7	0.003 1	0.002 9	0.003 9
枫杨	0.005 7	0.001 7	0.003 4	0.003 6
川桂	0.005 7	0.003 7	0.002 4	0.003 9
南酸枣	0.005 7	0.002 6	0.002 9	0.003 7

续表

物种名称	相对频度	相对优势度	相对密度	重要值
雾水葛	0.005 7	0.003 0	0.002 4	0.003 7
绣球	0.005 7	0.003 0	0.002 4	0.003 7
桤木	0.003 8	0.001 6	0.002 9	0.002 8
柿	0.003 8	0.001 6	0.002 9	0.002 8
梧桐	0.003 8	0.002 5	0.002 0	0.002 8
胡桃	0.003 8	0.001 8	0.002 0	0.002 5
五月茶	0.003 8	0.001 9	0.002 0	0.002 6
马尾松	0.003 8	0.001 5	0.001 5	0.002 3
女贞	0.003 8	0.001 6	0.001 5	0.002 3
润楠	0.003 8	0.001 6	0.001 5	0.002 3
云贵鹅耳枥	0.003 8	0.001 4	0.001 5	0.002 2
长叶水麻	0.003 8	0.001 2	0.001 5	0.002 2
糙皮桦	0.003 8	0.000 9	0.001 5	0.002 1
革叶槭	0.001 9	0.000 9	0.001 5	0.001 4
尾叶樱桃	0.001 9	0.000 8	0.001 5	0.001 4
挂苦绣球	0.001 9	0.000 5	0.001 5	0.001 3
石楠	0.001 9	0.000 5	0.001 5	0.001 3
蜡莲绣球	0.001 9	0.000 1	0.001 5	0.001 2
盐肤木	0.001 9	0.000 6	0.001 0	0.001 2
楝	0.001 9	0.000 5	0.001 0	0.001 1
杜茎山	0.001 9	0.000 2	0.001 0	0.001 0
猴欢喜	0.001 9	0.000 1	0.001 0	0.001 0
金珠柳	0.001 9	0.000 1	0.001 0	0.001 0
刺槐	0.001 9	0.000 8	0.000 5	0.001 1
飞蛾槭	0.001 9	0.000 8	0.000 5	0.001 1
山乌桕	0.001 9	0.000 9	0.000 5	0.001 1
光叶山矾	0.001 9	0.000 7	0.000 5	0.001 0
臭椿	0.001 9	0.000 1	0.000 5	0.000 8

续表

物种名称	相对频度	相对优势度	相对密度	重要值
枇杷	0.001 9	0.000 2	0.000 5	0.000 9
三角槭	0.001 9	0.000 3	0.000 5	0.000 9
乌柿	0.001 9	0.000 3	0.000 5	0.000 9
油茶	0.001 9	0.000 4	0.000 5	0.000 9
八角枫	0.001 9	0.000 1	0.000 5	0.000 8
粗糠柴	0.001 9	0.000 1	0.000 5	0.000 8
槐树	0.001 9	0.000 1	0.000 5	0.000 8
灰白杜鹃	0.001 9	0.000 1	0.000 5	0.000 8
小果蔷薇	0.001 9	0.000 1	0.000 5	0.000 8

（2）灌木层物种重要值

在金沙大样地植物群落的灌木层中，重要值大于2%的物种共计13种（表4-6），分别是芭蕉、粗糠柴、红果黄肉楠、罗浮柿、粗叶木、金珠柳、川钓樟、茜树、罗伞、糙叶榕、脚骨脆、毛叶木姜子、桫椤等植物，其中重要值大于5%的有6种，大于10%的有2种。芭蕉的重要值最大，达12.09%，仅次于芭蕉的是粗糠柴，其重要值有10.16%。相对频度显示，芭蕉是金沙大样地群落灌木层中分布最广泛的物种，其相对频度值为7.78%，其次是粗糠柴，其相对频度值为6.67%。芭蕉是金沙大样地群落中相对密度最大的灌木，相对密度值为15.61%，拥有最大数量的个体数。此外，在金沙大样地群落中，相对优势度最大的也是芭蕉，达到12.88%；其次是粗糠柴，其相对优势度值为11.86%。总之，芭蕉、粗糠柴、红果黄肉楠是金沙大样地植物群落灌木层中最主要的优势种。

表4-6　金沙大样地灌木层物种重要值

物种名称	相对频度	相对优势度	相对密度	重要值
芭蕉	0.077 8	0.128 8	0.156 1	0.120 9
粗糠柴	0.066 7	0.118 6	0.119 5	0.101 6
红果黄肉楠	0.061 1	0.099 5	0.109 8	0.090 1
罗浮柿	0.055 6	0.094 6	0.092 7	0.081 0
粗叶木	0.055 6	0.093 9	0.090 2	0.079 9
金珠柳	0.033 3	0.085 1	0.078 0	0.065 5

续表

物种名称	相对频度	相对优势度	相对密度	重要值
川钓樟	0.044 4	0.054 6	0.043 9	0.047 6
茜树	0.044 4	0.038 3	0.034 1	0.038 9
罗伞	0.044 4	0.030 6	0.022 0	0.032 3
糙叶榕	0.033 3	0.030 6	0.022 0	0.028 6
脚骨脆	0.033 3	0.030 8	0.019 5	0.027 9
毛叶木姜子	0.033 3	0.029 4	0.019 5	0.027 4
桫椤	0.022 2	0.030 5	0.017 1	0.023 3
紫珠	0.022 2	0.004 9	0.012 2	0.013 1
密脉木	0.022 2	0.006 0	0.009 8	0.012 7
黄牛奶树	0.016 7	0.013 8	0.007 3	0.012 6
柿	0.022 2	0.005 0	0.009 8	0.012 3
线柱苣苔	0.022 2	0.004 0	0.009 8	0.012 0
垂叶榕	0.016 7	0.011 3	0.007 3	0.011 8
竹叶榕	0.022 2	0.002 6	0.009 8	0.011 5
润楠	0.016 7	0.005 7	0.007 3	0.009 9
木姜子	0.016 7	0.003 9	0.007 3	0.009 3
细齿叶柃	0.011 1	0.011 2	0.004 9	0.009 1
冠毛榕	0.011 1	0.006 9	0.004 9	0.007 6
飞蛾槭	0.011 1	0.006 2	0.004 9	0.007 4
广西大头茶	0.011 1	0.005 7	0.004 9	0.007 2
贵州连蕊茶	0.011 1	0.003 9	0.004 9	0.006 6
巴东荚蒾	0.011 1	0.003 6	0.004 9	0.006 5
贵州鼠李	0.005 6	0.010 6	0.002 4	0.006 2
九节	0.011 1	0.001 9	0.004 9	0.006 0
胡颓子	0.011 1	0.001 4	0.004 9	0.005 8
山矾	0.011 1	0.001 3	0.004 9	0.005 8
毛竹	0.011 1	0.001 1	0.004 9	0.005 7
鼠刺	0.011 1	0.001 0	0.004 9	0.005 7

续表

物种名称	相对频度	相对优势度	相对密度	重要值
十大功劳	0.005 6	0.003 8	0.002 4	0.003 9
杜茎山	0.005 6	0.003 3	0.002 4	0.003 8
白木通	0.005 6	0.002 3	0.002 4	0.003 4
薄叶润楠	0.005 6	0.002 3	0.002 4	0.003 4
野独活	0.005 6	0.002 3	0.002 4	0.003 4
老鼠矢	0.005 6	0.001 9	0.002 4	0.003 3
石榴	0.005 6	0.001 9	0.002 4	0.003 3
革叶槭	0.005 6	0.000 9	0.002 4	0.003 0
楠木	0.005 6	0.000 9	0.002 4	0.003 0
山茶	0.005 6	0.000 7	0.002 4	0.002 9
绒叶木姜子	0.005 6	0.000 6	0.002 4	0.002 9
马比木	0.005 6	0.000 5	0.002 4	0.002 8
青果榕	0.005 6	0.000 4	0.002 4	0.002 8
菱叶冠毛榕	0.005 6	0.000 3	0.002 4	0.002 8
香樟	0.005 6	0.000 3	0.002 4	0.002 8
红雾水葛	0.005 6	0.000 1	0.002 4	0.002 7

在元厚大样地植物群落的灌木层中，重要值大于2%的树种共有12种（表4-7），分别是水麻、细枝柃、穗序鹅掌柴、赤杨叶、细齿叶柃、钝叶柃、朴树、雾水葛、杉木、四川大头茶、山茶、灯笼花；大于4%的有6种。其中，水麻的重要值最大，达8.37%；其次为细枝柃，其重要值为7.04%。从相对频度上来看，水麻的相对频度最大，说明水麻在元厚大样地群落的灌木层中分布范围最广。同时，水麻还是元厚大样地群落中密度最大的灌木，其相对密度为10.7%。其他相对优势度较大的物种有细枝柃、穗序鹅掌柴、赤杨叶、细齿叶柃，重要值排序与基本其一致。因此，水麻、细枝柃、穗序鹅掌柴等是元厚大样地群落植物灌木层中最主要的优势种。

表 4-7　元厚大样地灌木层物种重要值

物种名称	相对频度	相对优势度	相对密度	重要值
水麻	0.060 3	0.083 9	0.107 0	0.083 7

续表

物种名称	相对频度	相对优势度	相对密度	重要值
细枝栲	0.050 3	0.076 4	0.084 5	0.070 4
穗序鹅掌柴	0.045 2	0.073 2	0.076 1	0.064 8
赤杨叶	0.040 2	0.064 5	0.059 2	0.054 6
细齿叶栲	0.035 2	0.059 0	0.050 7	0.048 3
钝叶栲	0.035 2	0.054 7	0.047 9	0.045 9
朴树	0.030 2	0.051 3	0.031 0	0.037 5
雾水葛	0.030 2	0.050 9	0.031 0	0.037 4
杉木	0.025 1	0.013 4	0.025 4	0.021 3
四川大头茶	0.025 1	0.013 2	0.025 4	0.021 2
山茶	0.025 1	0.012 2	0.025 4	0.020 9
灯笼花	0.025 1	0.011 3	0.025 4	0.020 6
亮叶桦	0.020 1	0.009 4	0.022 5	0.017 3
黄杨	0.020 1	0.008 6	0.022 5	0.017 1
臀果木	0.020 1	0.008 3	0.019 7	0.016 0
米槠	0.020 1	0.007 3	0.019 7	0.015 7
毛叶木姜子	0.020 1	0.004 1	0.019 7	0.014 6
毛桐	0.020 1	0.003 4	0.016 9	0.013 5
白栎	0.020 1	0.006 6	0.014 1	0.013 6
冬青	0.020 1	0.006 6	0.014 1	0.013 6
山矾	0.020 1	0.005 1	0.014 1	0.013 1
楠木	0.015 1	0.004 7	0.014 1	0.011 3
茜树	0.015 1	0.004 7	0.014 1	0.011 3
狭叶冬青	0.015 1	0.002 6	0.014 1	0.010 6
杜鹃	0.015 1	0.005 4	0.011 3	0.010 6
枫香树	0.015 1	0.005 0	0.011 3	0.010 5
盐肤木	0.015 1	0.003 6	0.011 3	0.010 0
灯台树	0.015 1	0.003 3	0.011 3	0.009 9
油桐	0.015 1	0.002 4	0.008 5	0.008 7

续表

物种名称	相对频度	相对优势度	相对密度	重要值
石楠	0.015 1	0.002 0	0.008 5	0.008 5
长叶水麻	0.015 1	0.001 9	0.008 5	0.008 5
脚骨脆	0.015 1	0.001 6	0.008 5	0.008 4
大头茶	0.015 1	0.001 0	0.008 5	0.008 2
岗柃	0.010 1	0.004 3	0.005 6	0.006 7
鹅耳枥	0.010 1	0.003 2	0.005 6	0.006 3
革叶槭	0.010 1	0.002 9	0.005 6	0.006 2
罗浮柿	0.010 1	0.002 7	0.005 6	0.006 1
木荷	0.010 1	0.002 2	0.005 6	0.006 0
楤木	0.010 1	0.001 5	0.005 6	0.005 7
柿	0.010 1	0.001 3	0.005 6	0.005 7
茶	0.010 1	0.000 9	0.005 6	0.005 5
川桂	0.010 1	0.000 8	0.005 6	0.005 5
野鸦椿	0.010 1	0.000 6	0.005 6	0.005 4
崖花子	0.005 0	0.005 3	0.002 8	0.004 4
楝	0.005 0	0.002 2	0.002 8	0.003 3
桤木	0.005 0	0.001 9	0.002 8	0.003 2
巴东荚迷	0.005 0	0.001 3	0.002 8	0.003 0
红果黄肉楠	0.005 0	0.001 3	0.002 8	0.003 0
马比木	0.005 0	0.001 3	0.002 8	0.003 0
粗糠柴	0.005 0	0.001 1	0.002 8	0.003 0
木姜子	0.005 0	0.000 8	0.002 8	0.002 9
糙叶榕	0.005 0	0.000 3	0.002 8	0.002 7
川莓	0.005 0	0.000 5	0.002 8	0.002 8
杜茎山	0.005 0	0.000 3	0.002 8	0.002 7
南酸枣	0.005 0	0.000 3	0.002 8	0.002 7
枇杷	0.005 0	0.000 3	0.002 8	0.002 7
漆	0.005 0	0.000 5	0.002 8	0.002 8

续表

物种名称	相对频度	相对优势度	相对密度	重要值
陀螺果	0.005 0	0.000 5	0.002 8	0.002 8
小果蔷薇	0.005 0	0.000 3	0.002 8	0.002 7
紫珠	0.005 0	0.000 3	0.002 8	0.002 7
粗叶木	0.005 0	0.000 1	0.002 8	0.002 6
挂苦绣球	0.005 0	0.000 2	0.002 8	0.002 7
槭	0.005 0	0.000 1	0.002 8	0.002 6
樟	0.005 0	0.000 2	0.002 8	0.002 7

（3）草本层主要物种重要值

由于金沙大样地地处沟谷河边，草本层蕨类丰富，草本层主要物种是楼梯草、线柱苣苔、蕨、林生沿阶草、长叶实蕨、圆苞金足草、石柑子、卵果短肠蕨、红盖鳞毛蕨等，其重要值分别为 14.49%、9.83%、9.53%、8.20%、8.20%、6.08%、5.70%、5.23%、4.65%（表 4-8）。楼梯草的相对频度、相对优势度、相对密度最大，分别是 13.89%、14.81%、14.77%。

表 4-8　金沙大样地草本层主要物种重要值

物种名称	相对频度	相对优势度	相对密度	重要值
楼梯草	0.138 9	0.148 1	0.147 7	0.144 9
线柱苣苔	0.097 2	0.106 7	0.090 9	0.098 3
蕨	0.097 2	0.097 8	0.090 9	0.095 3
林生沿阶草	0.069 4	0.097 2	0.079 5	0.082 0
长叶实蕨	0.069 4	0.097 0	0.079 5	0.082 0
圆苞金足草	0.055 6	0.081 2	0.045 5	0.060 8
石柑子	0.055 6	0.070 0	0.045 5	0.057 0
卵果短肠蕨	0.041 7	0.069 6	0.045 5	0.052 3
红盖鳞毛蕨	0.055 6	0.038 3	0.045 5	0.046 5
山冷水花	0.041 7	0.024 7	0.034 1	0.033 5
卷柏	0.013 9	0.027 8	0.034 1	0.025 3
中华秋海棠	0.027 8	0.023 6	0.022 7	0.024 7
碗蕨	0.013 9	0.019 7	0.022 7	0.018 8

续表

物种名称	相对频度	相对优势度	相对密度	重要值
铁线莲	0.013 9	0.015 3	0.022 7	0.017 3
中华鳞盖蕨	0.013 9	0.018 2	0.011 4	0.014 5
淡竹叶	0.013 9	0.006 1	0.022 7	0.014 2
盾蕨	0.013 9	0.004 7	0.022 7	0.013 8
菝葜	0.013 9	0.012 7	0.011 4	0.012 7
透茎冷水花	0.013 9	0.010 2	0.011 4	0.011 8
华南赤车	0.013 9	0.006 8	0.011 4	0.010 7
粗叶木	0.013 9	0.006 4	0.011 4	0.010 6
褐鞘沿阶草	0.013 9	0.004 6	0.011 4	0.010 0
沿阶草	0.013 9	0.003 9	0.011 4	0.009 7
醉魂藤	0.013 9	0.003 0	0.011 4	0.009 4
苎麻	0.013 9	0.002 3	0.011 4	0.009 2
山姜	0.013 9	0.001 5	0.011 4	0.008 9
金线吊乌龟	0.013 9	0.001 0	0.011 4	0.008 8
细辛	0.013 9	0.001 0	0.011 4	0.008 8
小叶粗筒苣苔	0.013 9	0.000 8	0.011 4	0.008 7

元厚大样地草本层是以里白为主,里白相对优势度达49%,重要值也最大,为23.78%,其他草本层物种主要有翠云草、展毛野牡丹、芒萁、楼梯草、卷柏,其重要值依次为11.68%、9.12%、8.00%、6.46%、5.52%(表4-9)。

表4-9　元厚大样地草本层主要物种重要值

物种名称	相对频度	相对优势度	相对密度	重要值
里白	0.109 1	0.490 0	0.114 3	0.237 8
翠云草	0.145 5	0.033 5	0.171 4	0.116 8
展毛野牡丹	0.127 3	0.017 8	0.128 6	0.091 2
芒萁	0.036 4	0.175 0	0.028 6	0.080 0
楼梯草	0.072 7	0.049 6	0.071 4	0.064 6
卷柏	0.072 7	0.021 6	0.071 4	0.055 2

续表

物种名称	相对频度	相对优势度	相对密度	重要值
菝葜	0.054 5	0.005 7	0.057 1	0.039 1
过路黄	0.054 5	0.005 3	0.057 1	0.039 0
山姜	0.018 2	0.068 2	0.014 3	0.033 6
沿阶草	0.036 4	0.006 1	0.057 1	0.033 2
荨麻	0.018 2	0.037 0	0.028 6	0.027 9
红盖鳞毛蕨	0.018 2	0.035 9	0.014 3	0.022 8
九头狮子草	0.018 2	0.017 4	0.014 3	0.016 6
皱叶狗尾草	0.018 2	0.013 0	0.014 3	0.015 2
大叶仙茅	0.018 2	0.006 5	0.014 3	0.013 0
蕨	0.018 2	0.003 3	0.014 3	0.011 9
冷水花	0.018 2	0.002 8	0.014 3	0.011 8
西南蝴蝶草	0.018 2	0.002 3	0.014 3	0.011 6
芒	0.018 2	0.002 2	0.014 3	0.011 6
铁线蕨	0.018 2	0.001 7	0.014 3	0.011 4
乌蔹莓	0.018 2	0.001 6	0.014 3	0.011 4
风轮菜	0.018 2	0.001 4	0.014 3	0.011 3
野菊	0.018 2	0.001 2	0.014 3	0.011 2
地果	0.018 2	0.000 7	0.014 3	0.011 1
竹叶草	0.018 2	0.000 5	0.014 3	0.011 0

3. 金沙和元厚大样地群落结构对比分析

（1）群落物种数量组成对比分析

植物物种数量组成是植物群落的基本特征,对样地植物物种组成进行统计,结果如表 4-10 所示。金沙样地共计植物 55 科 75 属 104 种,其中被子植物 46 科 66 属 95 种,蕨类植物 9 科 9 属 9 种;元厚样地共计植物 58 科 97 属 123 种,其中被子植物 50 科 88 属 114 种,裸子植物 2 科 2 属 2 种,蕨类植物 6 科 7 属 7 种。两样地物种组成以被子植物为主,裸子植物数量稀少,其中金沙样地在监测中未发现裸子植物,但金沙样地的蕨类植物在群落中占比比元厚样地高。

表 4-10　金沙和元厚大样地物种组成对比

门类		蕨类植物		裸子植物		被子植物		合计
		数量	比例/%	数量	比例/%	数量	比例/%	
金沙样地	科	9	16	0	0	46	84	55
	属	9	12	0	0	66	88	75
	种	9	9	0	0	95	91	104
元厚样地	科	6	10	2	3	50	86	58
	属	7	7	2	2	88	91	97
	种	7	6	2	2	114	93	123

（2）群落物种重要值对比分析

物种重要值是群落分析的重要参数。金沙和元厚大样地重要值前 15 的物种差异较大，但均以乔木为主。金沙样地属于南亚热带季风常绿阔叶林群落，群落优势种明显，重要值大于 10% 的物种有芭蕉（28.3%）和粗糠柴（10.1%）两种，桫椤仅分布于金沙样地所在群落，重要值为 1.8%，位列第十二；元厚样地属于中亚热带常绿阔叶林群落，无明显的突出优势种，其重要值均小于 10%，见表 4-11。

表 4-11　金沙和元厚大样地重要值前 15 物种

样地		物种	重要值
金沙 (JS) 样地	芭蕉	*Musa basjoo* Sieb.	0.283
	粗糠柴	*Mallotus philippensis*（Lam.）Muell. Arg.	0.101
	粗叶木	*Lasianthus chinensis*（Champ.）Benth.	0.062
	川钓樟	*Lindera pulcherrima*（Wall.）Benth. var. *hemsleyana*（Diels）H. P. Tsui	0.059
	红果黄肉楠	*Actinodaphne cupularis*（Hemsl.）Gamble	0.048
	罗伞	*Brassaiopsis glomerulata*（Bl.）Regel	0.045
	茜树	*Aidia cochinchinensis* Lour.	0.036
	罗浮柿	*Diospyros morrisiana* Hance	0.031
	糙叶榕	*Ficus irisana* Elmer.	0.029
	金珠柳	*Maesa montana* A. DC.	0.029
	黄牛奶树	*Symplocos laurina*（Retz.）Wall.	0.026
	桫椤	*Alsophila spinulosa*（Wall. ex Hook.）R. M. Tryon	0.018

续表

样地		物种	重要值
元厚 (YH) 样地	赤杨叶	*Alniphyllum fortunei*（Hemsl.）Makino	0.065
	柃木	*Eurya japonica* Thunb	0.064
	杉木	*Cunninghamia lanceolata*（Lamb.）Hook.	0.064
	亮叶桦	*Betula luminifera* H. Winkl.	0.052
	毛桐	*Mallotus barbatus*（Wall.）Muell. Arg.	0.052
	毛脉南酸枣	*Choerospondias axillaris* var. *pubinervis*（Rehd. et Wils.）Burtt et Hill	0.041
	盐肤木	*Rhus chinensis* Mill.	0.037
	灯台树	*Bothrocaryum controversum*（Hemsl.）Pojark.	0.036
	楠木	*Phoebe zhennan* S. Lee	0.026
	毛叶木姜子	*Litsea mollis* Hemsl.	0.026
	水麻	*Debregeasia orientalis* C. J. Chen	0.026
	白栎	Quercus fabri Hance	0.024
	山矾	*Symplocos sumuntia* Buch. -Ham. ex D. Don	0.020
	四川大头茶	*Gordonia acuminata* Chang	0.020
	木姜子	*Litsea pungens* Hemsl.	0.020

（3）物种多样性对比分析

物种多样性代表着物种演化的空间范围和对特定环境的生态适应,常通过物种多样性指数、物种均匀度指数和物种丰富度指数等进行表示,其中物种丰富度指数是对一个群落所有实际物种数目的测度。统计两样地乔木、灌木和草本丰富度指数发现,丰富度均表现为灌木层＞草本层＞乔木层,其中灌木层丰富度元厚大样地(86%)明显大于金沙大样地(56%)(图4-9)。

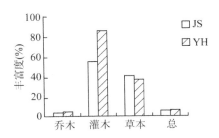

图4-9　金沙(JS)和元厚(YH)大样地群落物种丰富度

　　对两样地各样方胸径（DBH）≥1 cm 植株数量、物种数和丰富度进行统计，发现样方（400 m²）中植株数量变化范围为 34～290，平均每样方植株数为 90；样方中物种数变化范围为 10～30，平均每样方物种数为 19 种；样方物种丰富度变化范围为 8%～48%，平均值为 23%（表 4-12）；两个森林大样地各样方植株数变化大，物种数变化小，物种丰富度差异较大。监测所在森林群落植物物种丰富度较高，但群落植株分布均匀度较低。

表 4-12　金沙和元厚大样地各样方胸径（DBH）≥1 cm 物种丰富度

样方编号	金沙（JS）			元厚（YH）		
	植株数	物种数	丰富度	植株数	物种数	丰富度
1	56	12	21.43	117	24	20.51
2	114	19	16.67	102	27	26.47
3	105	16	15.24	133	30	22.56
4	62	13	20.97	73	26	35.62
5	44	13	29.55	98	25	25.51
6	87	19	21.84	87	24	27.59
7	84	22	26.19	83	25	30.12
8	147	13	8.84	80	32	40.00
9	72	10	13.89	79	27	34.18
10	82	11	13.41	38	14	36.84
11	103	13	12.62	87	17	19.54
12	147	20	13.61	92	23	25.00
13	56	15	26.79	77	19	24.68
14	67	11	16.42	89	22	24.72
15	84	14	16.67	100	16	16.00
16	69	11	15.94	86	20	23.26
17	44	11	25.00	66	20	30.30
18	49	10	20.41	78	20	25.64
19	70	13	18.57	154	28	18.18
20	86	14	16.28	132	18	13.64
21	114	18	15.79	37	15	40.54

样方编号	金沙(JS)			元厚(YH)		
	植株数	物种数	丰富度	植株数	物种数	丰富度
22	76	14	18.42	34	16	47.06
23	101	20	19.80	87	19	21.84
24	69	17	24.64	290	25	8.62
25	99	19	19.19	103	18	17.48

对样地植物物种多样性指数和均匀度指数进行计算,金沙样地 Simpson 优势度指数为 0.85、Shannon-Wiener 多样性指数为 3.79、Pielou 均匀度指数为 0.86,元厚样地 Simpson 优势度指数为 0.94、Shannon-Wiener 多样性指数为 5.04、Pielou 均匀度指数为 1.08;元厚样地三项指数均高于金沙样地(图 4-10)。分别统计两样地各样方多样性指数,金沙样地 Simpson 优势度指数和 Shannon-Wiener 多样性指数变化范围分别为 0.63~0.9 和 1.79~3.74,Pielou 均匀度指数变化范围为 0.7~1.27;元厚样地 Simpson 指数和 Shannon-Wiener 指数变化范围分别为 0.66~0.94 和 2.77~4.48,Pielou 指数变化范围为 0.9~1.38。三个多样性指数呈现同步的波动变化,其中 Shannon-Wiener 多样性指数变化较大,Simpson 指数和 Pielou 指数变化较小(图 4-11)。

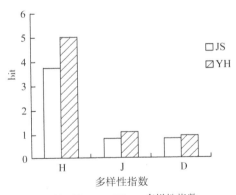

H：Shannon-Wiener多样性指数
J：Pielou均匀度指数
D：Simpson优势度指数

图 4-10　金沙(JS)与元厚(YH)大样地植物物种多样性指数

(4) 物种分布均匀度对比分析

通过统计样地各样方植株数和物种数(图 4-12),发现位于沟谷的金沙样地所在群落植物数量分布变化较大,且呈规律波动变化,而元厚样地所在山坡群落植株生长分布相对均匀。金沙样地位于河沟边,部分样地受地形影响涉及河沟边缘。一般来说,河沟边缘区域草本植物生长茂盛,而乔木生长较少,形成不同样方植株数量相差大的现象。群落中植株生长分布受区域小环境影响而具有规律性特征。

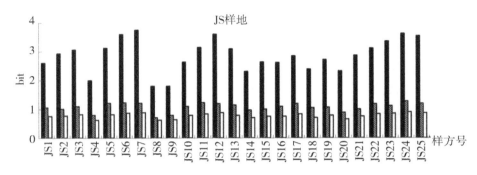

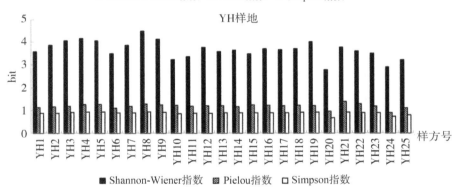

图 4-11　金沙(JS)与元厚(YH)大样地样方多样性指数

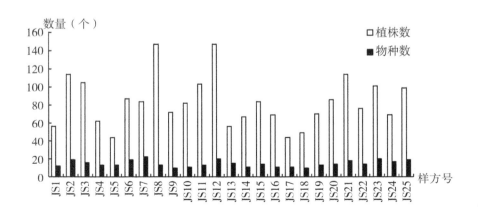

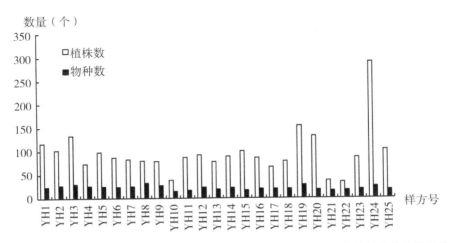

图 4-12 金沙(JS)与元厚(YH)大样地各样方胸径(DBH)≥1 cm 植株数及物种数对比

（5）群落物种频度对比分析

物种频度是物种在群落中出现频率的度量单位,群落中不同频度的物种呈现一定的比例分布关系,统计两个样地的物种频度级分布比例,分别与 Raunkiaer 标准频度定律进行对比,如图 4-13 所示,分析发现:两样地频度级为 A 的比例均高于 Raunkiaer 标准频度定律中 A 级频度比例,而频度级为 E 的比例均低于 Raunkiaer 标准频度定律中 E 级频度比例,元厚样地频度级分布较金沙样地而言更符合 Raunkiaer 标准频度定律五个频度级的关系(A>B>C≥D<E)。

金沙样地 A 级和 E 级频度比例均高于元厚样地,说明位于低海拔沟谷的金沙样地植被群落物种的均匀度高于元厚样地,群落植被分化和演替趋势较小。

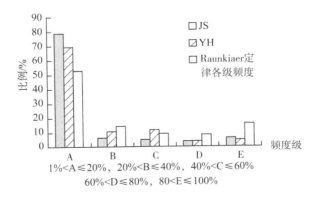

图 4-13 金沙(JS)与元厚(YH)大样地物种各频度级所占比例比较

（6）物种生活型对比分析

生活型谱是植物群落外貌特征分析的重要参数，是植物对相同环境条件趋同适应的结果。依照 Raunkiaer 提出的生活型分类系统，对金沙样地的 104 个和元厚样地的 123 个物种生活型谱进行分析，结果显示：两样地均表现为高位芽植物占比最大，金沙样地和元厚样地分别为 74%（77 种）和 76%（94 种）；地上芽植物分别有 12 种和 8 种，占各总种数的 12% 和 7%；地下芽植物均为 11 种，分别占总种数的 11% 和 9%；地面芽植物较少，分别为 4 种和 7 种，占各总种数的 4% 和 6%；一年生植物最少，金沙样地为 0 种，元厚样地仅为 3 种，占总数的 2%（图 4-14）。在占比最大的高位芽植物中，以小高位芽为主，金沙和元厚大样地分别有 34 种和 42 种。

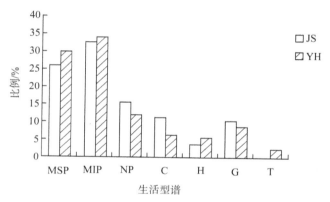

MSP：中高位芽；MIP：小高位芽；NP：矮高位芽；
C：地上芽；H：地面芽；G：地下芽；T：一年生

图 4-14　金沙(JS)与元厚(YH)大样地群落物种生活型分布比例

（7）群落径级结构对比分析

胸径（DBH）≥1 cm 乔木和灌木的径级分布结构见图 4-15，两样地群落乔木层均表现为以胸径小于 8 cm 植株为主，且径级为 1～4 cm 比例最高，金沙和元厚大样地平均胸径分别为 8.7 cm 和 6.4 cm，金沙大样地径级结构分布呈减少趋势，元厚大样地胸径小于 8 cm 所占比例达 67.7%，超过其他径级比例之和。两群落乔木层植株以幼小乔木为主，年龄结构组成属于生长型。

（8）群落乔木层主要优势种的径级结构对比分析

金沙群落中排名前六的乔木层主要优势种分别是芭蕉、粗糠柴、粗叶木、川钓樟、红果黄肉楠、罗伞，各自的径级结构如图 4-16 所示。芭蕉是金沙群落中的建群种，径级结构表现为中等个体居多，幼老个体缺乏的特征。83.69% 的个体

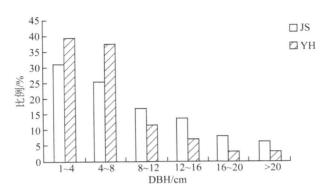

图 4-15　金沙(JS)与元厚(YH)大样地乔木径级分布结构

的胸径分布在 $5\sim20$ cm,小径级个体(DBH$\leqslant5$ cm)只占种群总个体数的 0.94%,这与芭蕉是多年生的草本植物,茎分生能力强,适应性较强,生长较快的特性有关。粗糠柴种群的径级结构呈正金字塔形,表明粗糠柴种群的更新良好,是群落中增长型的优势种。粗叶木种群的径级结构也呈正金字塔形,DBH 在 $1\sim5$ cm 和 $5\sim10$ cm 个体数占种群个体总数的 81.25%,说明粗叶木种群是增

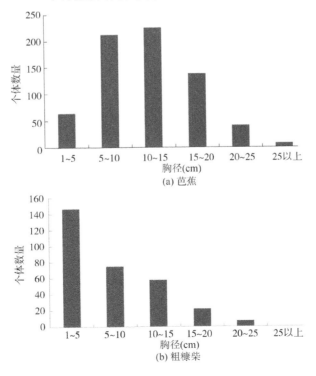

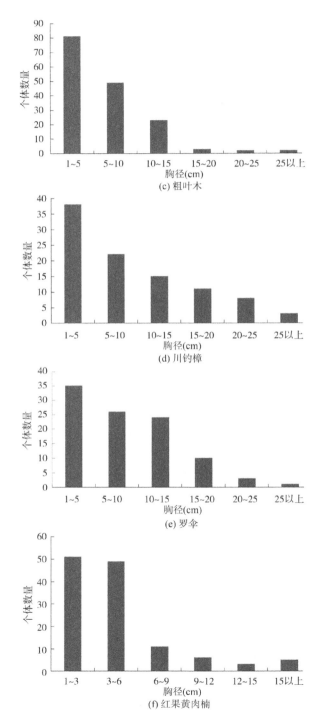

图 4-16　金沙大样地乔木层主要优势种群径级结构

长型种群。川钓樟种群的径级结构与粗糠柴、粗叶木基本一致,为增长型种群。红果黄肉楠种群小径级个体数明显居多,DBH 集中分布在 1～3 cm、3～6 cm,这两种径级的个体数占种群总个体数的 80.00%,该种群为增长型种群。罗伞种群的径级结构也呈正金字塔形,是群落中增长型的物种。

在元厚群落中,根据重要值排名选取的乔木层 6 种最主要的优势种分别是赤杨叶、杉木、亮叶桦、细枝柃、米槠、毛桐,各自的径级结构如图 4-17 所示。赤杨叶种群的径级结构呈正金字塔形,表明粗赤杨叶种群的更新良好,是群落中增长型的优势种。杉木种群的绝大部分个体都集中分布在中小径级中,DBH 在 1～5 cm 和 5～10 cm 的个体数占种群总个体数的 58.74%,该种群的幼树储备相对充裕,种群将进一步壮大。细枝柃种群的径级结构与杉木的类似,种群个体的 DBH 集中分布在 3～6 cm,分布在该胸径范围内的个体数占种群总个体数的 48.46%,因此该种群是一个增长型种群。亮叶桦种群的径级结构偏向于正金字塔形,1～5 cm、5～10 cm、10～15 cm 个体数分别占种群总个体数的 27.73%、28.57%、29.41%,其他个体仅占 14.25%,幼树储备充裕,种群整体呈增长型。米槠种群的峰值出现在 3～6 cm 处,个体数占种群总个体数的 56.60%,6～9 cm 的个体数从上一级锐减到只有 13 株,只占种群总数的 12.26%,表明米槠种群

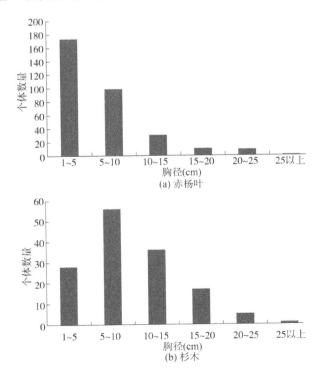

(a) 赤杨叶

(b) 杉木

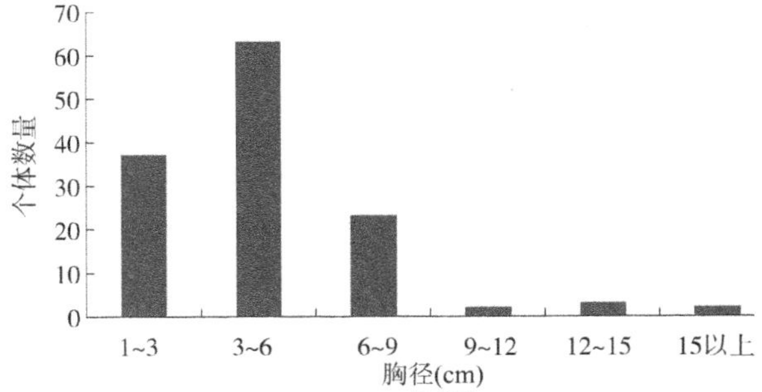

(c) 细枝枒

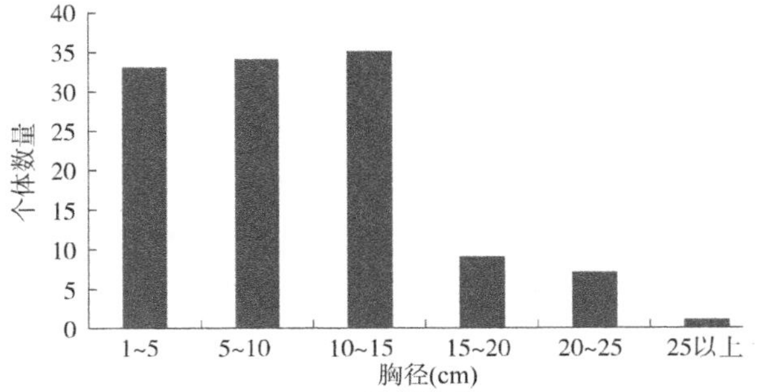

(d) 亮叶桦

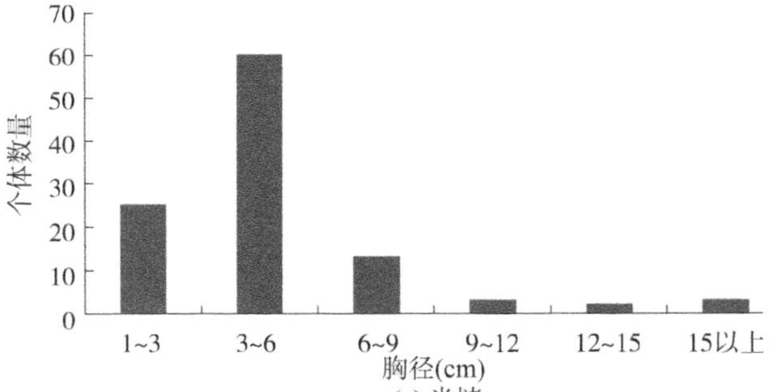

(e) 米槠

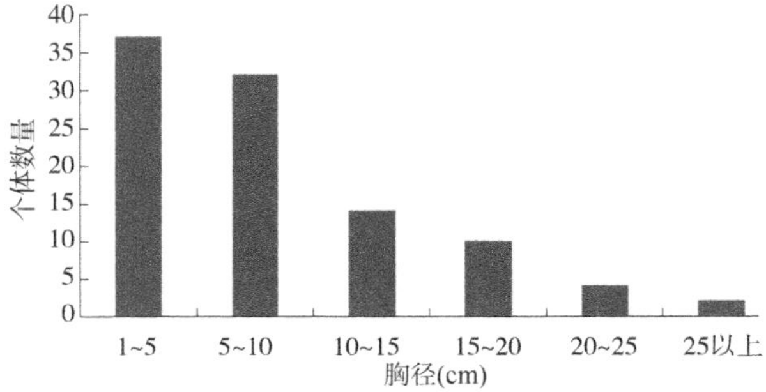

(f) 毛桐

图 4-17 元厚大样地乔木层主要优势种群径级结构

在该级处出现过一个死亡高峰,幼树储备不足可能会阻碍种群的进一步增大。毛桐种群的径级结构呈正金字塔形,个体数由小径级到大径级逐渐递减,幼树个体丰富,种群将会逐渐增大。

4.2.2.2 小型固定样地监测结果

1. 群落重要值分析

（1）毛竹林（Form. *Phyllostachys pubescens*）

毛竹在保护区内分布范围主要在海拔 700 m 以下的低山丘陵地带,由于保护区内毛竹林多为人工种植,后自然扩张,并且有逐渐向高海拔扩张的趋势,毛竹林对保护区部分区域群落生物多样性干扰程度严重,其乔木层主要以毛竹占优势,高度可达 15 m 以上。

样方内毛竹林下其他乔木物种较少,其重要值如表 4-13 所示,主要以桫椤、粗糠柴、罗伞等为主,林下灌木层偶有粗糠柴等幼苗。草本层主要有红盖鳞毛蕨、稗草、野茼蒿、竹叶草、淡竹叶等。保护区其他混生毛竹林下还有杜茎山、展毛野牡丹、毛桐、粗叶木、细枝柃等,草本层主要物种有乌毛蕨、淡竹叶、莐草、狗尾草。

表 4-13 毛竹林群落物种重要值

	物种	相对密度	相对频度	相对优势度	重要值
乔木层	毛竹	0.611 1	0.382 4	0.769 2	0.587 6
	桫椤	0.180 6	0.294 1	0.216 6	0.230 4
	罗伞	0.125 0	0.205 9	0.012 9	0.114 6
	粗糠柴	0.055 6	0.058 8	0.000 5	0.038 3
	物种	相对密度	相对频度	相对优势度	重要值
灌木层	毛桐	0.013 9	0.029 4	0.000 6	0.014 6
	金珠柳	0.013 9	0.029 4	0.000 1	0.014 5
	物种	相对高度	相对盖度	重要值	
草本层	红盖鳞毛蕨	0.336 1	0.575 2	0.455 7	
	稗草	0.210 1	0.258 5	0.234 3	
	野茼蒿	0.147 2	0.033 6	0.090 3	
	竹叶草	0.084 0	0.043 1	0.063 6	
	淡竹叶	0.088 2	0.010 3	0.049 3	
	香花崖豆藤	0.042 0	0.043 1	0.042 6	
	皱叶狗尾草	0.042 0	0.025 9	0.033 9	
	异药花	0.050 4	0.010 3	0.030 4	

（2）桫椤、芭蕉、罗伞灌草丛（Form. *Alsophia spinulosa*, *Muse basjoo*, *Brassaiopsis glomerulata*）

桫椤、芭蕉、罗伞等本为南亚热带季雨林中的林下层重要组成部分，在保护区内以这几个物种为群落主要组成部分，形成桫椤、野芭蕉、罗伞群系，主要分布于保护区内海拔 700 m 以下的沟谷地带。如表 4-14 所示，样方内群落分层不明显，灌木层与乔木层没有清晰层次。由于分层不明显，地面光照充足，加上气候湿润，草本层发达，调查样方内群落草本层有艳山姜、竹叶草、圆苞金足草、蕨、短肠蕨、淡竹叶、野茼蒿、皱叶狗尾草、头花蓼、干旱毛蕨、亮毛蕨、铜锤玉带草等，此类群落中偶有高大乔木树种生于其中，一般为贵州琼楠、毛桐、灯台树、粗叶木等。灌木层中主要物种有除桫椤、芭蕉、罗伞外，还有毛桐、密脉木、线柱苣苔、中华野独活、展枝玉叶金花等。草本层生长也较为茂盛，主要有海芋、爵床、乌毛蕨、长叶实蕨、短肠蕨、西南毛蕨等。

表 4-14　桫椤、芭蕉、罗伞灌草丛群落物种重要值

	物种	相对密度	相对频度	相对优势度	重要值
乔木层	毛脉南酸枣	0.035 7	0.064 5	0.328 7	0.143 0
	陀螺果	0.035 7	0.064 5	0.000 7	0.033 6
	香樟	0.023 8	0.032 3	0.046 8	0.034 3
	毛竹	0.202 4	0.225 8	0.417 3	0.281 8
	物种	相对密度	相对频度	相对优势度	重要值
灌木层	罗伞	0.488 1	0.225 8	0.100 9	0.271 6
	芭蕉	0.131 0	0.161 3	0.046 2	0.112 8
	桫椤	0.059 5	0.161 3	0.059 2	0.093 3
	金珠柳	0.011 9	0.032 3	0.000 2	0.014 8
	算盘子	0.011 9	0.032 3	0.000 1	0.014 7
	物种	相对高度	相对盖度	重要值	
草本层	艳山姜	0.226 9	0.200 7	0.213 8	
	竹叶草	0.226 9	0.133 8	0.180 4	
	圆苞金足草	0.151 3	0.200 7	0.176 0	
	蕨	0.045 4	0.200 7	0.123 1	
	短肠蕨	0.060 5	0.168 6	0.114 6	
	淡竹叶	0.068 1	0.010 7	0.039 4	
	野茼蒿	0.053 0	0.020 9	0.036 9	
	皱叶狗尾草	0.045 4	0.024 1	0.034 7	

续表

	物种			
草本层	头花蓼	0.045 4	0.016 1	0.030 7	
	干旱毛蕨	0.045 4	0.014 1	0.029 7	
	亮毛蕨	0.027 2	0.004 8	0.016 0	
	铜锤玉带草	0.004 5	0.004 8	0.004 7	

（3）竹叶榕灌草丛（Form. *Ficus stenophylla*）

竹叶榕灌草丛主要分布于河流冲击形成的宽阔河谷地带,其生境处为砂质河漫滩和砾石沙滩,雨季洪水期河流泛滥时,群落多遭洪水淹没,旱季时则露出于河水。由于受到流水的冲击,群落靠近岸边偶有其他乔木分布,群落靠近河流中央部分,多数以竹叶榕为主,草本层多靠近岸边分布。调查样方内,如表 4-15 所示,群落内乔木和灌木层有樟、竹叶榕、芭蕉、窄叶柃等,草本层有圆苞金足草、冷水花、海金沙、芒、沿阶草、柳叶红茎黄芩等。

保护区内其他本群落中主要的优势种有竹叶榕、长柄竹叶榕,另外湖北十大功劳、中华十大功劳等也是群落中的重要组成物种。

表 4-15 竹叶榕灌草丛群落物种重要值

	物种	相对密度	相对频度	相对优势度	重要值
乔木层	香樟	0.039 5	0.103 4	0.763 4	0.302 1
	垂叶榕	0.039 5	0.069 0	0.014 3	0.040 9
	脚骨脆	0.026 3	0.069 0	0.002 8	0.032 7
	物种	相对密度	相对频度	相对优势度	重要值
灌木层	竹叶榕	0.447 4	0.206 9	0.050 1	0.234 8
	芭蕉	0.105 3	0.103 4	0.035 8	0.081 5
	窄叶柃	0.078 9	0.103 4	0.004 5	0.062 3
	红雾水葛	0.105 3	0.069 0	0.000 8	0.058 4
	桫椤	0.026 3	0.069 0	0.076 8	0.057 3
	罗伞	0.039 5	0.069 0	0.023 0	0.043 8
	稠李	0.026 3	0.034 5	0.020 8	0.027 2
	斑竹	0.039 5	0.034 5	0.000 9	0.024 9
	毛桐	0.013 2	0.034 5	0.006 2	0.017 9
	杜茎山	0.013 2	0.034 5	0.000 8	0.016 1

续表

乔木层	物种	相对密度	相对频度	相对优势度	重要值
	香樟	0.039 5	0.103 4	0.763 4	0.302 1
	垂叶榕	0.039 5	0.069 0	0.014 3	0.040 9
	脚骨脆	0.026 3	0.069 0	0.002 8	0.032 7

草本层	物种	相对高度	相对盖度	重要值	
	圆苞金足草	0.135 1	0.222 8	0.179 0	
	冷水花	0.158 3	0.141 9	0.150 1	
	海金沙	0.069 5	0.203 7	0.136 6	
	芒	0.077 2	0.185 6	0.131 4	
	沿阶草	0.154 4	0.094 6	0.124 5	
	柳叶红茎黄芩	0.057 9	0.096 1	0.077 0	
	木贼	0.135 1	0.018 2	0.076 7	
	问荆	0.135 1	0.000 7	0.067 9	
	石海椒	0.077 2	0.036 4	0.056 8	

（4）枫香、四川大头茶灌草丛（Form. *Liquidambar formosana*，*Gordonia acuminata*）

枫香、四川大头茶林为一类常绿阔叶林遭到干扰或破坏之后形成的次生林，在保护区内，此类林型分布较少。调查样方内由于地势原因，样方内枫香数量较少，以四川大头茶、粗糠柴居多，灌木层主要有金珠柳、五月茶、野鸦椿、油桐、细枝柃等，草本层有芒、芒萁、红盖鳞毛蕨、卷柏等（表4-16）。

表4-16　枫香、四川大头茶灌草丛群落物种重要值

	物种	相对密度	相对频度	相对优势度	重要值
乔木层	粗糠柴	0.186 4	0.222 2	0.098 9	0.169 2
	四川大头茶	0.033 9	0.055 6	0.300 4	0.129 9
	复羽叶栾树	0.135 6	0.083 3	0.108 0	0.109 0
	菱叶海桐	0.101 7	0.083 3	0.125 7	0.103 6
	罗浮柿	0.118 6	0.055 6	0.119 0	0.097 7
	盐肤木	0.084 7	0.083 3	0.010 7	0.059 6
	栲	0.050 8	0.083 3	0.005 8	0.046 7
	马尾松	0.016 9	0.027 8	0.035 8	0.026 8
	杉木	0.016 9	0.027 8	0.019 5	0.021 4
	枫香树	0.033 9	0.027 8	0.002 3	0.021 3

续表

	物种	相对密度	相对频度	相对优势度	重要值
乔木层	粗糠柴	0.186 4	0.222 2	0.098 9	0.169 2
	四川大头茶	0.033 9	0.055 6	0.300 4	0.129 9
	复羽叶栾树	0.135 6	0.083 3	0.108 0	0.109 0
	菱叶海桐	0.101 7	0.083 3	0.125 7	0.103 6
	罗浮柿	0.118 6	0.055 6	0.119 0	0.097 7
	盐肤木	0.084 7	0.083 3	0.010 7	0.059 6
	栲	0.050 8	0.083 3	0.005 8	0.046 7
	马尾松	0.016 9	0.027 8	0.035 8	0.026 8
	杉木	0.016 9	0.027 8	0.019 5	0.021 4
	枫香树	0.033 9	0.027 8	0.002 3	0.021 3
灌木层	物种	相对密度	相对频度	相对优势度	重要值
	毛桐	0.067 8	0.055 6	0.086 2	0.069 9
	紫珠	0.067 8	0.055 6	0.021 2	0.048 2
	细枝柃	0.016 9	0.027 8	0.041 1	0.028 6
	金珠柳	0.016 9	0.027 8	0.009 8	0.018 2
	五月茶	0.016 9	0.027 8	0.009 0	0.017 9
	野鸦椿	0.016 9	0.027 8	0.004 6	0.016 4
	油桐	0.016 9	0.027 8	0.002 0	0.015 6
草本层	物种	相对高度	相对高度	重要值	
	芒	0.467 1	0.388 8	0.427 9	
	芒萁	0.197 6	0.397 6	0.297 6	
	红盖鳞毛蕨	0.179 6	0.162 0	0.170 8	
	卷柏	0.155 7	0.051 5	0.103 6	

（5）马尾松林（Form. *Pinus massoniana*）

当阔叶林屡遭砍伐或火烧后，光照增强，土壤干燥，马尾松首先侵入，逐渐形成天然马尾松林。但马尾松作为一种先锋植物群落，发展到一定阶段，它的幼苗不能在自身林冠下更新，阔叶林又逐渐侵入，代替了马尾松而取得优势。调查样地内，马尾松幼苗比较少，而山矾、柃木、毛叶木姜子等物种幼苗较多（表4-17），会逐渐取代马尾松成为群落优势种，草本层由于马尾松凋落物积累，草本层物种稀少。随着演替的推移，此群落可能被阔叶林群落替代。

表 4-17　马尾松林灌草丛群落物种重要值

	物种	相对密度	相对频度	相对优势度	重要值
乔木层	马尾松	0.390 5	0.211 5	0.906 9	0.503 0
	油桐	0.161 9	0.173 1	0.018 3	0.117 7
	毛桐	0.114 3	0.115 4	0.009 0	0.079 6
	山矾	0.095 2	0.096 2	0.009 0	0.066 8
	细齿叶柃	0.038 1	0.076 9	0.006 3	0.040 4
	栗	0.028 6	0.038 5	0.005 5	0.024 2
	光叶山矾	0.028 6	0.038 5	0.002 1	0.023 1
	脚骨脆	0.009 5	0.019 2	0.022 5	0.017 1
	粗叶木	0.028 6	0.019 2	0.002 6	0.016 8
	复羽叶栾树	0.009 5	0.019 2	0.002 5	0.010 4
	罗浮柿	0.009 5	0.019 2	0.000 7	0.009 8
	五月茶	0.009 5	0.019 2	0.000 5	0.009 7
	四川大头茶	0.009 5	0.019 2	0.000 4	0.009 7
灌木层	物种	相对密度	相对频度	相对优势度	重要值
	穗序鹅掌柴	0.019 0	0.038 5	0.001 7	0.019 7
	算盘子	0.009 5	0.019 2	0.005 8	0.011 5
	毛叶木姜子	0.009 5	0.019 2	0.005 1	0.011 3
	菱叶海桐	0.009 5	0.019 2	0.000 1	0.009 6
	毛叶杜鹃	0.009 5	0.019 2	0.000 9	0.009 9
	紫珠	0.009 5	0.019 2	0.000 1	0.009 6
草本层	物种	相对高度	相对盖度	重要值	
	积雪草	0.054 8	0.023 3	0.039 0	
	红盖鳞毛蕨	0.452 1	0.434 1	0.443 1	
	里白	0.493 2	0.542 6	0.517 9	

（6）亮叶桦林（Form. *Betula luminifera*）

亮叶桦系桦木属（*Betula*）中最原始的西桦组，为中国的特有树种，也是我国南方山区营建珍贵用材林的重要树种。调查样方内，如表 4-18 所示，乔木层杉木和亮叶桦为优势种，杉木和亮叶桦常常是自然生态环境被破坏之后迅速生长起来，随后逐渐被常绿落叶阔叶林取代，因此群落处于演替末期过渡阶段。调查样地内乔木主要有细齿叶柃、川桂、脚骨脆、红果黄肉楠等，灌木主要有杜茎山、油桐、紫荆、毛叶木姜子、水麻等，样方内草本层物种稀少，偶有草本幼苗，其他此类群落草本层以里白、狗脊蕨等物种为主。

表 4-18 亮叶桦林群落物种重要值

	物种	相对密度	相对频度	相对优势度	重要值
乔木层	杉木	0.252 9	0.172 8	0.353 5	0.259 7
	亮叶桦	0.053 6	0.098 8	0.150 4	0.100 9
	赤杨叶	0.072 8	0.061 7	0.088 9	0.074 5
	山矾	0.069 0	0.098 8	0.022 4	0.063 4
	楠木	0.057 5	0.061 7	0.066 2	0.061 8
	贵州毛柃	0.057 5	0.024 7	0.084 1	0.055 4
	细枝柃	0.072 8	0.061 7	0.026 2	0.053 6
	山茶	0.088 1	0.049 4	0.019 3	0.052 3
	栲	0.030 7	0.024 7	0.056 1	0.037 1
	细齿叶柃	0.046 0	0.037 0	0.023 3	0.035 4
	毛桐	0.026 8	0.049 4	0.023 0	0.033 1
	香樟	0.007 7	0.024 7	0.030 9	0.021 1
	岗柃	0.034 5	0.012 3	0.013 6	0.020 1
	粗糠柴	0.015 3	0.024 7	0.005 2	0.015 1
	枫香树	0.007 7	0.024 7	0.005 4	0.012 6
	槐	0.003 8	0.012 3	0.012 6	0.009 6
	川桂	0.007 7	0.012 3	0.000 5	0.006 8
	脚骨脆	0.003 8	0.012 3	0.000 5	0.005 6
	红果黄肉楠	0.003 8	0.012 3	0.000 4	0.005 5
	物种	相对密度	相对频度	相对优势度	重要值
灌木层	杜鹃	0.053 6	0.037 0	0.007 3	0.032 7
	狭叶冬青	0.011 5	0.024 7	0.003 2	0.013 1
	杜茎山	0.007 7	0.012 3	0.001 2	0.007 1
	油桐	0.003 8	0.012 3	0.002 4	0.006 2
	紫荆	0.003 8	0.012 3	0.002 4	0.006 2
	毛叶木姜子	0.003 8	0.012 3	0.000 5	0.005 6
	水麻	0.003 8	0.012 3	0.000 5	0.005 6

（7）润楠、楠木林（Form. *Machilus pingii*，*Phoebe zhennan*）

润楠、楠木林是以润楠、楠木为建群种构成的亚热带常绿阔叶林，保护区内润楠、楠木林群落外貌深绿色，林冠稠密，群落组成丰富。调查样地内，如表

4-19 所示，乔木层中未见润楠，除楠木外还有栲树、细枝柃、赤杨叶等物种；灌木层中主要有木姜子、水麻、冬青等灌木树；草本层中有天名精、竹叶草、野牡丹等。

表 4-19　润楠、楠木林群落物种重要值

	物种	相对密度	相对频度	相对优势度	重要值
乔木层	楠木	0.177 8	0.139 5	0.227 6	0.181 7
	赤杨叶	0.111 1	0.093 0	0.149 2	0.117 8
	栲	0.022 2	0.023 3	0.198 3	0.081 2
	细枝柃	0.133 3	0.069 8	0.027 1	0.076 7
	枫香树	0.033 3	0.046 5	0.097 1	0.059 0
	毛桐	0.033 3	0.069 8	0.073 6	0.058 9
	杉木	0.055 6	0.069 8	0.034 4	0.053 2
	四川山矾	0.077 8	0.069 8	0.009 9	0.052 5
	青冈	0.033 3	0.023 3	0.096 9	0.051 2
	茶	0.077 8	0.023 3	0.008 8	0.036 6
	黄杞	0.044 4	0.023 3	0.004 6	0.024 1
	黄药大头茶	0.022 2	0.046 5	0.000 3	0.023 0
	灯台树	0.011 1	0.023 3	0.019 9	0.018 1
	毛脉南酸枣	0.011 1	0.023 3	0.012 1	0.015 5
	亮叶桦	0.011 1	0.023 3	0.000 8	0.011 7
	油茶	0.011 1	0.023 3	0.000 4	0.011 6
	物种	相对密度	相对频度	相对优势度	重要值
灌木层	木姜子	0.022 2	0.046 5	0.017 9	0.028 9
	水麻	0.033 3	0.046 5	0.005 2	0.028 3
	毛叶木姜子	0.022 2	0.046 5	0.001 9	0.023 6
	红雾水葛	0.033 3	0.023 3	0.001 3	0.019 3
	冬青	0.011 1	0.023 3	0.006 8	0.013 7
	紫荆	0.011 1	0.023 3	0.005 7	0.013 4
	物种	相对高度	相对盖度	重要值	
草本层	天名精	0.166 7	0.470 6	0.318 6	
	竹叶草	0.500 0	0.294 1	0.397 1	
	野牡丹	0.333 3	0.823 5	0.578 4	

（8）栲树林（Form. *Castanopsis fargesii*）

栲树林在我国分布较广,适应性较强。栲树林群落内的植物种类十分丰富,结构复杂,乔木层中一般还有其他栲属的植物如甜槠栲等。群落内各物种重要值如表4-20所示,调查样方内其他乔木物种还有四川大头茶、青冈、杉木、黄杞、枫香树等树种,灌木层主要有茶、杜鹃、白毛新木姜子、杜茎山、冬青、狭叶冬青等,草本层有里白、芒、芒萁、淡竹叶等。

表 4-20　栲树林群落物种重要值

	物种	相对密度	相对频度	相对优势度	重要值
乔木层	栲	0.097 3	0.081 4	0.454 5	0.211 1
	山茶	0.132 7	0.116 3	0.017 2	0.088 7
	青冈	0.022 1	0.023 3	0.117 7	0.054 4
	黄杞	0.044 2	0.046 5	0.069 2	0.053 3
	光叶山矾	0.057 5	0.081 4	0.013 6	0.050 8
	细齿叶柃	0.061 9	0.069 8	0.010 6	0.047 4
	细枝柃	0.044 2	0.023 3	0.072 6	0.046 7
	椤木	0.039 8	0.046 5	0.032 1	0.039 5
	钝叶柃	0.053 1	0.023 3	0.024 4	0.033 6
	连蕊茶	0.048 7	0.011 6	0.032 3	0.030 9
	赤杨叶	0.026 5	0.034 9	0.027 9	0.029 8
	杉木	0.022 1	0.046 5	0.018 4	0.029 0
	四川大头茶	0.022 1	0.046 5	0.009 7	0.026 1
	贵州连蕊茶	0.035 4	0.023 3	0.005 2	0.021 3
	五月茶	0.022 1	0.034 9	0.003 6	0.020 2
	油茶	0.026 5	0.023 3	0.003 5	0.017 8
	亮叶桦	0.013 3	0.023 3	0.012 4	0.016 3
	白栎	0.004 4	0.011 6	0.030 0	0.015 4
	罗浮柿	0.008 9	0.011 6	0.000 8	0.007 1
	毛脉南酸枣	0.004 4	0.011 6	0.005 1	0.007 0
	枫香树	0.004 4	0.011 6	0.001 1	0.005 7
	甜槠	0.004 4	0.011 6	0.000 8	0.005 6
	楠木	0.004 4	0.011 6	0.000 5	0.005 5
	漆树	0.004 4	0.011 6	0.000 2	0.005 4

续表

	物种	相对密度	相对频度	相对优势度	重要值
灌木层	茶	0.031 0	0.011 6	0.003 7	0.015 4
	杜鹃	0.119 5	0.081 4	0.016 2	0.072 3
	白毛新木姜子	0.026 5	0.034 9	0.012 3	0.024 6
	杜茎山	0.008 9	0.011 6	0.001 2	0.007 2
	冬青	0.004 4	0.011 6	0.002 8	0.006 3
	狭叶冬青	0.004 4	0.011 6	0.000 3	0.005 5
	物种	相对高度	相对盖度	重要值	
草本层	里白	0.473 0	0.815 7	0.644 3	
	芒	0.243 2	0.063 6	0.153 4	
	芒萁	0.148 6	0.116 5	0.132 6	
	淡竹叶	0.135 1	0.004 2	0.069 7	

2. 群落物种多样性对比分析

对八个典型小样地植物多样性指数进行分析(表 4-21，图 4-18)，发现八个不同类型群落植物多样性存在明显差异。栲树林、润楠＋楠木林和枫香＋大头茶混交林群落植物多样性较高，毛竹林、桫椤＋芭蕉＋罗伞灌草丛和马尾松林群落植物多样性较低。其中，在栲树林中，栲树为乔木层建群种，灌木层和草本植物种类较少；润楠＋楠木林和枫香＋大头茶混交林群落层次明显，植物物种丰富；毛竹林植物物种较为单一，无明显层次，毛竹为群落的优势种。

表 4-21　八个典型小样地多样性指数

样地代码	样地群系类型	Shannon-Wiener 指数	Pielou 指数	Simpson 指数
DXA	毛竹林	2.07	0.86	0.73
DXB	桫椤＋芭蕉＋罗伞灌草丛	2.53	1.10	0.72
DXC	竹叶榕灌草丛	2.88	1.09	0.76
DXD	枫香＋四川大头茶混交林	3.62	1.28	0.90
DXE	马尾松林	2.63	0.88	0.82
DXF	亮叶桦林	3.34	1.05	0.86
DXG	润楠＋楠木林	3.89	1.26	0.91
DXH	栲树林	3.93	1.18	0.92

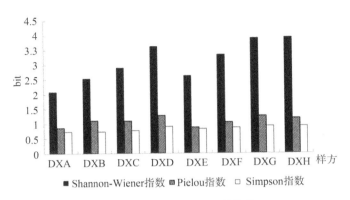

图 4-18　典型样方多样性指数

4.3　重要物种动态变化监测

4.3.1　监测方法

保护区内桫椤与小黄花茶种群分布区域和方式差异较大,故应采用不同的监测方法。

4.3.1.1　桫椤种群监测方法

(1)样地选择:葫市沟片区;

(2)样地数量和面积:3 个,400 m²/个;

(3)样地标定:

根据桫椤分布及生长环境沿葫市沟河谷两侧建立 3 个桫椤群落观测小型样地(20 m×20 m),三个固定样地分别标记为 SGA、SGB、SGC,样地信息见表 4-22。以 SGA 为例,桫椤固定样地监测布局示意图如图 4-19 所示。

(4)观测内容:乔木层包括植物种类、胸径、高度等;灌木层包括种类、株数/多度、平均高度、盖度等;草本层包括植物种类、每种植物的多度、叶层平均高度、植被盖度和高度等。

表 4-22　桫椤固定样地信息表

样地	经度	纬度	海拔	坡度	坡向
SGA	105°58′39.06″	28°28′33.19″	511 m	24°	北偏西 60°

续表

样地	经度	纬度	海拔	坡度	坡向
SGB	106°01′03.67″	28°28′51.60″	560 m	28°	东偏南62°
SGC	106°01′03.47″	28°28′51.38″	561 m	29°	东偏南61°

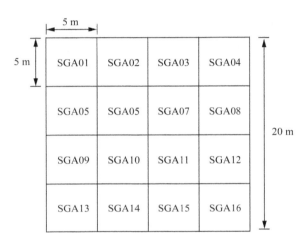

图 4-19　桫椤固定样地监测布局示意图

4.3.1.2　小黄花茶种群监测方法

（1）样地选择：闷头溪片区

（2）样地面积：3 条×600 m²/条

（3）样地标定：

小黄花茶自然分布在面积不超过 2 km² 的闷头溪，依据分布环境沿小溪设置 3 条 30 m 的样带进行调查。由于小黄花茶分布在陡壁下面或陡坡和沟谷边，样带设置为长条状。样地信息见表 4-23。

小黄花茶样带设置为三个 20 m×30 m，每个单元格划分为 5 m×5 m 进行每木调查，每个 10 m×10 m 随机选取一个 1 m×1 m 的草本和灌木进行调查。三个样带分别标记为 MA-MB-MC、SA-SB-SC、HA-HB-HC；样带设置以 SA-SB-SC 为例，见图 4-20。

（4）观测内容：种类、胸径、株数/多度、平均高度、盖度等，草本层包括植物种类、每种植物的多度、叶层平均高度、植被盖度和高度等。

表 4-23　小黄花茶样带信息表

样地	经度	纬度	海拔	坡度	坡向
MA-MB-MC	105°57′54.81″	28°28′13.21″	387 m	27°	南偏东 13°
SA-SB-SC	105°58′44.33″	28°28′31.40″	583 m	40°	北偏东 38°
HA-HB-HC	105°58′24.28″	28°28′56.24″	641 m	24°	南偏东 5°

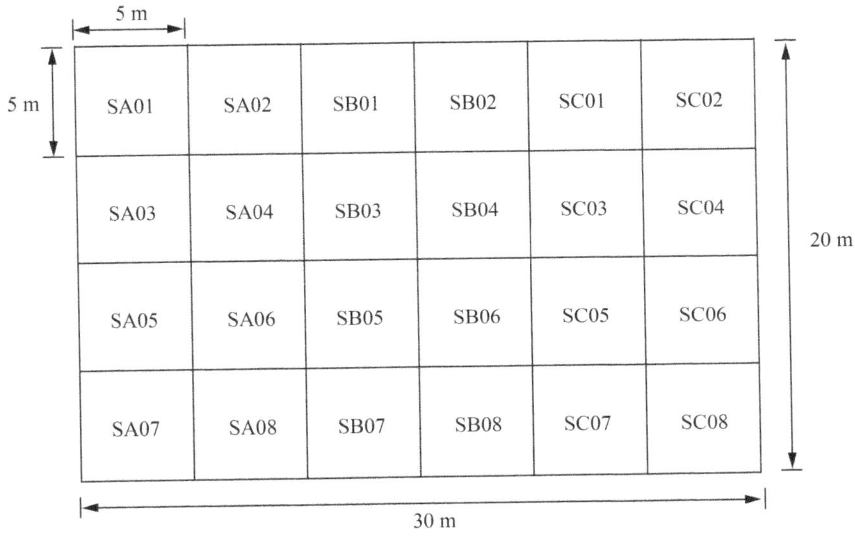

图 4-20　小黄花茶样带示意图

4.3.2　监测结果

4.3.2.1　桫椤群落现状

1. 群落重要值分析

赤水桫椤保护区的桫椤群落物种组成丰富,2015 年调查结果显示,其伴生维管植物共有 60 科 90 属 122 种,其中蕨类植物有 12 科 13 属 17 种,种子植物有 48 科 82 属 105 种。

在人为干扰较小、桫椤集中的地方选取桫椤固定样地,固定样地群落物种重要值见表 4-24。桫椤固定样地内毛竹数量较多,其重要值也最大,为 0.437 6;桫椤重要值居第二位,为 0.185 1,生长健康,是群落中的优势种。

表 4-24　桫椤固定样地群落物种重要值

	物种	相对密度	相对频度	相对优势度	重要值
乔木层	毛竹	0.490 6	0.750 0	0.601 2	0.437 6
	桫椤	0.116 4	0.625 0	0.255 0	0.185 1
	脚骨脆	0.093 6	0.291 7	0.010 0	0.063 2
	毛桐	0.033 3	0.312 5	0.008 5	0.044 6
	慈竹	0.058 2	0.083 3	0.007 9	0.030 2
	马尾松	0.008 3	0.062 5	0.040 6	0.022 4
	油桐	0.020 8	0.083 3	0.013 1	0.019 5
	杉木	0.010 4	0.083 3	0.018 6	0.017 9
	罗伞	0.014 6	0.104 2	0.002 2	0.015 8
	穗序鹅掌柴	0.010 4	0.083 3	0.001 3	0.012 1
	红果黄肉楠	0.010 4	0.062 5	0.000 9	0.009 9
	粗糠柴	0.006 2	0.062 5	0.001 5	0.008 7
	麻竹	0.008 3	0.020 8	0.007 2	0.007 2
	川桂	0.004 2	0.041 7	0.003 3	0.006 6
	盐肤木	0.004 2	0.020 8	0.004 5	0.004 9
	粗叶木	0.004 2	0.020 8	0.000 9	0.003 7
	细枝柃	0.004 2	0.020 8	0.000 8	0.003 7
	山地水东哥	0.004 2	0.020 8	0.000 5	0.003 6
	细齿叶柃	0.002 1	0.020 8	0.001 4	0.003 2
	苹果榕	0.002 1	0.020 8	0.000 9	0.003 0
	香樟	0.002 1	0.020 8	0.000 5	0.002 9
	灯台树	0.002 1	0.020 8	0.000 4	0.002 9
	白栎	0.002 1	0.020 8	0.000 3	0.002 9
	贵州毛柃	0.002 1	0.020 8	0.000 2	0.002 8
	楤木	0.002 1	0.020 8	0.000 1	0.002 8
	山矾	0.002 1	0.020 8	0.000 1	0.002 8
	槭树	0.002 1	0.020 8	0.000 1	0.002 8
	物种	相对密度	相对频度	相对优势度	重要值
灌木层	金珠柳	0.039 5	0.104 2	0.003 4	0.024 5
	红雾水葛	0.002 1	0.020 8	0.009 0	0.010 6
	小黄花茶	0.010 4	0.062 5	0.000 7	0.009 8
	杜茎山	0.004 2	0.041 7	0.009 8	0.008 8

	物种	相对密度	相对频度	相对优势度	重要值
灌木层	茶	0.004 2	0.041 7	0.000 4	0.005 6
	雾水葛	0.004 2	0.041 7	0.000 1	0.005 5
	蜡莲绣球	0.002 1	0.020 8	0.000 1	0.002 8
	算盘子	0.002 1	0.020 8	0.000 0	0.0027
	物种	相对高度	相对盖度	重要值	
草本层	荸草	0.058 9	0.170 3	0.114 6	
	渐尖毛蕨	0.054 3	0.152 8	0.103 6	
	冷水花	0.058 1	0.105 8	0.082 0	
	短肠蕨	0.037 6	0.087 3	0.062 5	
	苍耳	0.054 3	0.025 0	0.039 6	
	华南紫萁	0.038 5	0.013 8	0.026 1	
	桫椤	0.021 3	0.030 9	0.026 1	
	淡竹叶	0.013 8	0.032 0	0.022 9	
	红盖鳞毛蕨	0.016 7	0.027 3	0.022 0	
	豨莶	0.029 3	0.012 5	0.020 9	
	常山	0.020 9	0.018 7	0.019 8	
	圆苞金足草	0.020 9	0.018 7	0.019 8	
	里白	0.013 0	0.026 1	0.019 5	
	骤尖楼梯草	0.027 2	0.011 5	0.019 3	
	楼梯草	0.023 0	0.011 7	0.017 3	
	黄姜花	0.026 3	0.007 9	0.017 1	
	三穗薹草	0.020 1	0.013 1	0.016 6	
	紫萼蝴蝶草	0.029 3	0.002 8	0.016 0	
	线柱苣苔	0.020 5	0.010 1	0.015 3	
	糯米团	0.025 1	0.005 0	0.015 0	
	透茎冷水花	0.020 1	0.009 4	0.014 7	
	红蓼	0.016 7	0.012 5	0.014 6	
	石筋草	0.020 9	0.007 5	0.014 2	
	假糙苏	0.020 5	0.007 1	0.013 8	
	竹叶草	0.020 9	0.006 2	0.013 6	
	莛草	0.023 4	0.001 7	0.012 6	
	地果	0.012 5	0.012 5	0.012 5	

续表

	物种	相对高度	相对盖度	重要值	
草本层	展毛野牡丹	0.012 5	0.010 0	0.011 3	
	大叶仙茅	0.012 5	0.009 4	0.010 9	
	水麻	0.008 4	0.012 5	0.010 4	
	重阳木	0.018 0	0.002 5	0.010 2	
	贯众	0.008 8	0.010 5	0.009 6	
	鸭跖草	0.012 5	0.006 2	0.009 4	
	蕨	0.012 5	0.006 2	0.009 4	
	菝葜	0.012 5	0.004 1	0.008 3	
	寒莓	0.011 3	0.004 1	0.007 7	
	芒萁	0.010 5	0.003 7	0.007 1	
	翠云草	0.003 8	0.010 0	0.006 9	
	卷柏	0.008 4	0.004 9	0.006 6	
	石柑子	0.003 3	0.009 4	0.006 4	
	皱叶狗尾草	0.007 5	0.004 9	0.006 2	
	多脉茛草	0.009 6	0.002 2	0.005 9	
	红马蹄草	0.004 2	0.003 1	0.003 6	
	姜花	0.006 3	0.000 1	0.003 2	
	弓果黍	0.005 4	0.000 2	0.002 8	
	天胡荽	0.004 2	0.000 6	0.002 4	
	山姜	0.002 5	0.002 2	0.002 3	
	雾水葛	0.001 7	0.000 2	0.000 9	

2. 群落数据对比分析

保护区内桫椤所在群落主要有毛竹-桫椤群落、桫椤-野芭蕉群落、阔叶树-桫椤群落。经综合调查，赤水桫椤保护区内桫椤种群不仅分布面积大，而且分布相对集中，但其生长状况和数量特征及其自然更新与持续生存的能力，受到多种因素干扰。郁闭度的大小会对种群幼苗更新的光环境形成直接影响，从而影响植物种群幼苗的更新；毛竹的快速扩张对桫椤的生存环境产生威胁；人为干扰导致生境破碎化从而引发桫椤种群走向衰退。野外调查时发现，赤水桫椤保护区桫椤种群中草本层郁闭度高，人为干扰和破坏比较严重（种群中原生植被被毛竹林、慈竹林替代等），这些因素会影响桫椤种群的生长和幼苗更新。

依照 Raunkiaer 提出的生活型分类系统，将 2015—2017 年调查得到的桫椤伴生种生活型统计分析(图 4-21)。2015 年赤水桫椤保护区桫椤群落伴生植物有 122 种;其中,高位芽植物种类最多,有 70 种,占总种数的 57.38%;地上芽植物有 23 种,占总种数的 18.85%;地下芽植物有 22 种,占总种数的 18.03%;种类较少的是地面芽(3 种)和一年生(4 种)植物,分别占总种数的 2.46% 和 3.28%。高位芽植物中,大高位芽植物缺乏,林下灌木层物种丰富,小高位芽(43 种)、矮高位芽(23 种)植物较多,而中高位芽数量较少(4 种)。

2016 年调查到桫椤群落伴生植物有 105 种,物种丰富度有所下降,高位芽植物种类仍为最多,占 51.43%;地面芽最少,为 5.71%。2017 年调查分析发现,高位芽占比最多,达 58.76%,地面芽最少,为 5.77%,整体比例分布与前两年无较大变化。但是,地下芽植物占比三年连续减少,从 2015 年的 18.03% 减少到 2017 年的 8.84%,中高位芽植物占比三年连续增多,从 2015 年的 3.42% 增加到 2017 年的 12.50%。由图 4-21 可知,在生活型谱中,表现为高位芽占比最多,其中中高位芽植物多为灌木或小乔木,相对较稳定,占比较前两年增多;地下芽占比逐年减小,此类型植物多为蕨类植物,孢子萌发受环境因子影响较大。一年生植物因其具特殊的生活特性,通过种子度过不良季节,有较高的抗逆性,受环境影响较小,其占比增多。该生活型谱基本反映出中亚热带森林群落以高位芽植物为优势的生活型谱的基本特征,同时,高位芽以小、矮高位芽植物为优势也反映出赤水桫椤群落生活型谱以乔木层优势种为主、林下灌草层物种组成丰富的特点。

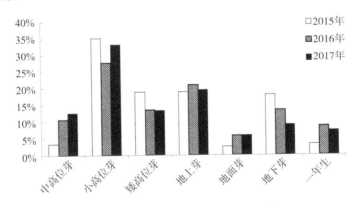

图 4-21 2015—2017 年桫椤群落伴生物种生活型谱

野外调查发现,通过对调查区域桫椤的树高和胸径级别范围统计分析(图 4-22,图 4-23),桫椤个体数由 2015 年的 150 株,至 2016 年的 193 株,再到 2017 年的 235 株,逐年递增。其中第一年度以中壮桫椤个体数量增加为主,第二年度以幼苗阶段个体数量增加为主，说明桫椤在 2016—2017 年度中孢子萌发率极大提高，同时成年阶段个体胸径稳定增大，但与前两年相比成年个体数量变化不大。较多数的幼苗在通过一个选择强度较高的环境筛选之后，以高死亡率为代价，得以发育成小幼株，进而进入营养生长阶段并稳定生长，完成整个生活史。

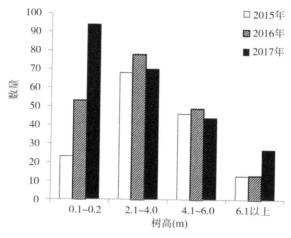

图 4-22　2015—2017 年桫椤种群高度级分布

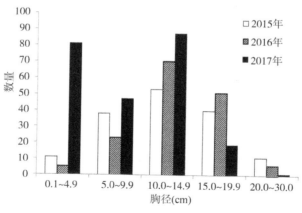

图 4-23　2015—2017 年桫椤种群径级分布

　　根据桫椤样地的调查数据和静态生命表的编制方法，得到赤水桫椤保护区桫椤种群静态生命表（表 4-25），其代表整个保护区桫椤种群数量动态的基本特征。从表中可以看出，桫椤种群结构存在波动性，成年阶段的个体数量较多，而幼年个体数量相对较少，种群在第 5、第 6 龄级出现了个体数量高峰。e_x 反映了不同龄级个体的期望寿命,桫椤的期望寿命表明,种群的期望寿命随着龄级的增加而减小,在成年阶段表现出很低的期望寿命。

表 4-25 桫椤种群静态生命表

龄级	高度级（m）	a_x	a_x^*	l_x	$\ln l_x$	d_x	q_x	L_x	T_x	e_x	K_x
1	$H<0.01$	1	31	1 000	6.908	161	0.161	919	4 403	4.789	0.176
2	$0.01≤H<0.6$	2	26	839	6.732	129	0.154	774	3 484	4.500	0.167
3	$0.6≤H<1.2$	6	22	710	6.565	97	0.136	661	2 710	4.098	0.147
4	$1.2≤H<2.1$	17	19	613	6.418	97	0.158	565	2 048	3.629	0.172
5	$2.1≤H<3$	36	16	516	6.246	32	0.063	500	1 484	2.968	0.065
6	$3≤H<3.9$	35	15	484	6.182	129	0.267	419	984	2.346	0.310
7	$3.9≤H<4.8$	29	11	355	5.872	129	0.364	290	565	1.944	0.452
8	$4.8≤H<5.7$	16	7	226	5.420	97	0.429	177	274	1.545	0.560
9	$5.7≤H<6.6$	7	4	129	4.860	97	0.750	81	97	1.200	1.386
10	$H≥6.6$	5	1	32	3.474	32	1.000	16	16	1.000	3.474

注：a_x：存活数（Survival number）；a_x^*：匀滑后的存活数（Smoothed valued of a_x）；l_x：存活量（Survival quantity）；d_x：死亡量（Death number）；q_x 死亡率（Mortality rate）；L_x：区间寿命（Span life）；T_x：总寿命（Total life）；e_x：期望寿命（Life expectancy）；K_x：消失率（Vanish rate）。

存活曲线是一条借助于存活个体数量来描述特定年龄存活率，描述种群个体在各龄级的存活状况的曲线，是通过特定年龄组的个体数量相对作图得到的，是反映种群动态的重要特征。按照 Deevey 的划分，种群存活曲线一般有 3 种基本类型。Ⅰ型是凸曲线，属于该类型的种群绝大多数都能活到该物种年龄，早期死亡率低，但当活到一定生理年龄时，短期内个体几乎全部死亡；Ⅱ型是直线型，也称对角线型，属于该型的种群各年龄死亡率基本相同；Ⅲ型是凹型曲线，早期死亡率高，但一旦活到某一年龄时，死亡率就较低。

本研究以株干高相对应的龄级为横坐标，以桫椤存活量的自然对数 $\ln l_x$ 为纵坐标，根据赤水桫椤种群静态生命表，绘制了赤水桫椤种群的存活曲线（图4-24）。由表 4-25 和图 4-23 可见，赤水桫椤保护区的桫椤种群的存活曲线趋向于 Deevey Ⅱ型，成活率在各龄级之间下降趋势保持基本一致，仅在第 10 龄级的下降趋势比其他龄级稍微明显。

以株干高相对应的龄级为横坐标，以消失率（k_x）和死亡率（q_x）为纵坐标，作赤水桫椤群落的死亡率和消失率曲线（图4-25）。由图可见，桫椤种群的死亡率和消失率曲线变化趋势基本一致，反映了桫椤种群的一般特征。桫椤的死亡

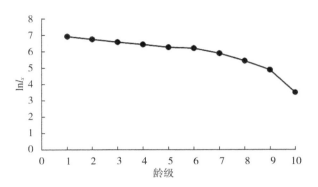

图 4-24   赤水桫椤自然保护区桫椤种群的存活曲线

率和消失率均存在 2 个波动:第 1 个出现在第 3 龄级阶段,第 2 个出现在第 5 龄级阶段,这 2 个龄级的死亡率和消失率均小于相邻 2 个龄级。总体上,随着龄级的增加,赤水桫椤群落的死亡率和消失率曲线呈增加趋势。对应也出现了 2 个峰值,第 4 龄级和第 10 龄级,第 1 个峰值产生的主要原因可能是桫椤生长到第 5 龄级阶段,种内和种间竞争的加剧,在与其他物种竞争的过程中处于劣势,且桫椤大多分布于沟谷旁和旅游景点,受人为干扰影响较大,阻碍了桫椤的正常生长,使其死亡;第 2 个峰值伴随着桫椤种群进入正常生理死亡年龄而产生,种群个体迅速消亡。

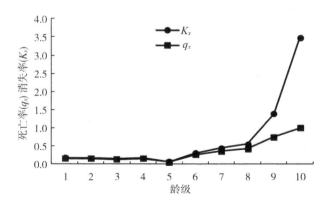

图 4-25   赤水桫椤种群死亡率和消失率

赤水桫椤保护区的桫椤种群生存函数估算值见表 4-26;以高度级相对应的龄级为横坐标,分别以 4 个函数估算值为纵坐标作图,得到生存率(S_i)和累积死亡率(F_{ti})曲线图(图 4-26),以及死亡率(f_{ti})和危险率(λ_{ti})曲线图(图 4-27)。

表 4-26　赤水桫椤自然保护区桫椤种群的生存函数估算值

龄级	高度级(m)	S_i	F_{ti}	f_{ti}	λ_{ti}
1	$H<0.01$	0.839	0.161	16.100	17.544
2	$0.01\leqslant H<0.6$	0.710	0.290	0.219	0.282
3	$0.6\leqslant H<1.2$	0.613	0.387	0.161	0.244
4	$1.2\leqslant H<2.1$	0.516	0.484	0.108	0.190
5	$2.1\leqslant H<3$	0.484	0.516	0.036	0.072
6	$3\leqslant H<3.9$	0.355	0.645	0.143	0.342
7	$3.9\leqslant H<4.8$	0.226	0.774	0.143	0.494
8	$4.8\leqslant H<5.7$	0.129	0.871	0.108	0.606
9	$5.7\leqslant H<6.6$	0.032	0.968	0.108	1.333
10	$H\geqslant6.6$	0.000	1.000	0.000	2.222

注：S_i：生存率(Survival rate)；F_{ti}：累积死亡率(Cumulative mortality rate)；f_{ti}：死亡率(Mortality density)；λ_{ti}：危险率(Hazard rate)。

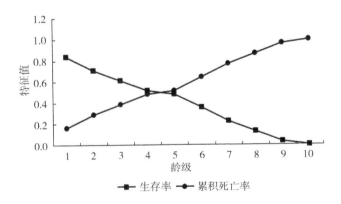

图 4-26　赤水桫椤自然保护区桫椤种群生存率(S_i)和累计死亡率(F_{ti})曲线图

由图 4-26 可知，赤水桫椤种群的生存率(S_i)单调下降，累积死亡率(F_{ti})单调上升，二者互补；生存率曲线和累积死亡率曲线都在前 4 龄级和第 6 龄级、第 7 龄级变化幅度较其他龄级明显，而第 5 龄级、第 10 龄级升降比较平缓，分别呈逐步下降和上升趋势。桫椤树龄较长，任何环境因素的变化都有可能影响其生长历程，累积死亡率随龄级的增加而加大。

从图 4-27 可知，桫椤种群的死亡率(f_{ti})和危险率(λ_{ti})在第 1 至第 7 龄变化趋势基本一致，龄级最大峰值出现在第 1 龄级；第 5 龄级之后，赤水桫椤种群逐渐进入了林层演替及生理衰老期阶段，桫椤个体数量减少，虽然危险率在进一步上升，但死亡率却缓慢下降。另外，桫椤种群危险率曲线和图 4-25 中死亡率曲线、消失率曲线的变化趋势基本一致。总体来讲，危险率均比死亡率高，4 个生存函数的曲线与该种群存活曲线、死亡率曲线和消失率曲线的分析结果一致，表明赤水桫椤种群具有前期薄弱、中期稳定、后期衰退的特点。

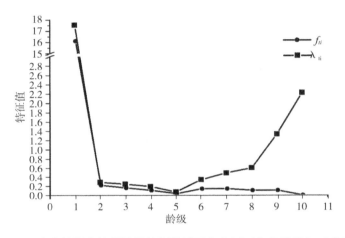

图 4-27　赤水桫椤自然保护区桫椤种群死亡率(f_{ti})和危险率(λ_{ti})曲线图

4.3.2.2　小黄花茶群落现状

1. 群落重要值分析

调查样地属于毛竹-小黄花茶群落，小黄花茶分布较为分散，且群落内小黄花茶较大植株数量少，多以灌木层存在，幼树生长状况较差。乔木层主要物种为毛竹，层次结构单一且均匀，层高度为 7～10 m 不等；林下灌木层生长状况不佳，主要有毛桐、盐肤木、罗伞和杜茎山等，部分地区草本层丰富；草本层主要由禾本科、莎草科、荨麻科以及蕨类植物组成。部分区域由于蕨类过于茂盛，小黄花茶由于自身生长及所处环境影响，群落更新受到严重限制。

小黄花茶群落物种重要值见表 4-27，毛竹重要值(0.872 8)明显大于小黄花茶重要值(0.451 7)，慈竹重要值(0.402 9)与小黄花茶重要值相近。由此可见，毛竹、慈竹对小黄花茶种群有重要影响。

表 4-27　小黄花茶群落物种重要值

	物种	相对密度	相对频度	相对优势度	重要值
乔木层	毛竹	0.962 9	0.524 2	0.966 2	0.872 8
	小黄花茶	0.575 1	0.524 1	0.115 5	0.451 7
	慈竹	0.519 3	0.306 5	0.519 4	0.402 9
	盐肤木	0.199 1	0.307 0	0.199 8	0.234 0
	毛桐	0.120 5	0.315 8	0.140 5	0.188 0
	麻竹	0.148 6	0.071 4	0.227 5	0.149 2
	桫椤	0.087 7	0.115 8	0.215 0	0.138 8
	香椿	0.134 5	0.241 4	0.409 6	0.126 4
	白栎	0.005 0	0.021 3	0.001 8	0.045 3
	罗伞	0.026 5	0.065 2	0.007 0	0.032 9
	茜树	0.006 6	0.021 7	0.008 9	0.012 4
	山地水东哥	0.011 6	0.021 3	0.001 2	0.011 6
	灯台树	0.006 6	0.021 7	0.003 9	0.010 8
	菱叶海桐	0.008 3	0.021 3	0.000 2	0.010 5
	粗叶木	0.006 6	0.021 7	0.000 4	0.009 6
	亮叶槭	0.006 6	0.021 7	0.000 3	0.009 6
	榕树	0.006 6	0.021 3	0.002 1	0.009 5
	马尾松	0.008 3	0.014 2	0.109 8	0.008 2
	木姜子	0.001 7	0.007 1	0.003 2	0.007 2
	轮叶木姜子	0.005 0	0.014 2	0.002 1	0.007 2
	苹果榕	0.009 9	0.007 1	0.028 2	0.006 7
	罗浮柿	0.003 3	0.007 1	0.000 2	0.006 1
	枔木	0.009 9	0.007 1	0.007 8	0.005 8
	黄檠	0.003 3	0.007 1	0.000 2	0.003 7
	毛叶木姜子	0.001 7	0.007 1	0.012 9	0.003 0
	刺桐	0.001 7	0.007 1	0.000 7	0.003 0
	白花泡桐	0.001 7	0.007 1	0.000 2	0.002 9
灌木层	物种	相对密度	相对频度	相对优势度	重要值
	金珠柳	0.016 5	0.049 6	0.006 5	0.027 1
	山姜	0.026 5	0.043 5	0.000 7	0.023 6
	茶	0.027 0	0.035 7	0.003 3	0.022 0
	杜茎山	0.013 2	0.042 6	0.002 4	0.020 3

续表

	物种	相对密度	相对频度	相对优势度	重要值
灌木层	云实	0.013 5	0.035 7	0.001 3	0.016 8
	绒叶木姜子	0.001 7	0.007 1	0.000 1	0.012 3
	牡荆	0.006 6	0.021 3	0.000 5	0.009 4
	山胡椒	0.001 7	0.007 1	0.000 1	0.003 0
	山茶	0.001 7	0.007 1	0.000 3	0.002 9

	物种	相对高度	相对盖度	重要值	
草本层	芒	0.067 3	0.130 0	0.251 0	
	野茼蒿	0.150 4	0.250 4	0.245 6	
	楼梯草	0.200 6	0.156 8	0.178 7	
	万寿竹	0.187 7	0.115 5	0.151 6	
	竹叶草	0.144 0	0.233 1	0.105 9	
	皱叶狗尾草	0.102 4	0.191 3	0.103 0	
	芒萁	0.105 7	0.198 7	0.102 7	
	乌蔹莓	0.041 2	0.086 0	0.072 7	
	裂叶秋海棠	0.041 3	0.097 1	0.069 2	
	华南云实	0.046 6	0.090 8	0.068 7	
	秋海棠	0.041 2	0.061 3	0.064 9	
	钩藤	0.070 1	0.036 3	0.059 1	
	鱼腥草	0.033 0	0.077 7	0.055 3	
	黄独	0.109 0	0.067 1	0.054 1	
	悬钩子	0.066 0	0.038 8	0.052 4	
	积雪草	0.097 3	0.042 8	0.052 2	
	褐鞘沿阶草	0.112 7	0.059 2	0.047 1	
	展毛野牡丹	0.057 5	0.013 7	0.045 7	
	蕨	0.086 9	0.075 8	0.089 3	
	过路黄	0.041 2	0.012 5	0.042 9	
	复叶耳蕨	0.041 3	0.038 8	0.040 0	
	东风草	0.027 1	0.016 3	0.035 4	
	乌蕨	0.054 2	0.021 3	0.034 3	
	福建观音座莲	0.043 4	0.053 6	0.033 3	
	杠板归	0.045 8	0.021 1	0.031 4	
	渐尖毛蕨	0.032 7	0.025 3	0.031 3	
	艳山姜	0.116 4	0.011 8	0.030 5	

续表

	物种	相对高度	相对盖度	重要值	
	艾纳香	0.033 0	0.025 9	0.029 4	
	东风草	0.033 0	0.025 9	0.029 4	
	矛叶荩草	0.041 3	0.016 6	0.028 9	
	芒	0.042 1	0.055 8	0.028 4	
	四块瓦	0.015 4	0.024 6	0.025 5	
	芒萁	0.024 8	0.024 3	0.025 4	
	变豆菜	0.024 8	0.025 9	0.025 3	
	卷柏	0.024 8	0.025 9	0.025 3	
	肾蕨	0.024 8	0.025 9	0.025 3	
	紫琪	0.041 2	0.009 0	0.025 1	
	楼梯草	0.056 6	0.033 7	0.025 0	
	藤构	0.070 1	0.025 8	0.023 7	
	石韦	0.033 0	0.012 9	0.023 0	
	糯米团	0.022 4	0.007 6	0.022 6	
	荩草	0.033 0	0.010 4	0.021 7	
草本层	大叶仙茅	0.019 6	0.023 0	0.021 3	
	山姜	0.018 2	0.023 7	0.020 9	
	密脉木	0.012 3	0.003 7	0.020 9	
	山姜	0.090 6	0.007 2	0.019 1	
	粉防己	0.014 1	0.000 5	0.018 7	
	红盖鳞毛蕨	0.038 0	0.049 2	0.036 8	
	圆苞金足草	0.262 7	0.051 9	0.018 1	
	聚花过路黄	0.022 4	0.039 4	0.017 8	
	山菅	0.024 8	0.010 4	0.017 6	
	卷柏	0.015 9	0.024 0	0.017 2	
	宜昌过路黄	0.022 4	0.011 8	0.017 1	
	贯众	0.020 6	0.002 6	0.016 8	
	白叶莓	0.016 5	0.016 6	0.016 5	
	蕨	0.031 2	0.011 8	0.016 1	
	碗蕨	0.005 1	0.026 6	0.015 9	
	鼠尾草	0.024 8	0.006 5	0.015 6	
	沿阶草	0.012 6	0.000 4	0.015 6	
	石斛	0.024 8	0.031 0	0.014 9	

续表

物种	相对高度	相对盖度	重要值	
红雾水葛	0.038 3	0.011 8	0.014 8	
赤车	0.016 8	0.006 0	0.013 7	
圆叶鼠刺	0.016 5	0.010 4	0.013 4	
金珠柳	0.023 1	0.032 8	0.013 3	
羊齿天门冬	0.018 7	0.007 9	0.013 3	
悬钩子	0.021 0	0.005 2	0.013 1	
狗脊	0.016 3	0.020 3	0.012 3	
楤木	0.011 6	0.011 2	0.012 0	
石柑子	0.008 3	0.015 5	0.011 9	
落地梅	0.016 5	0.006 5	0.011 5	
海金沙	0.058 6	0.020 7	0.020 2	
山莓	0.013 2	0.006 5	0.009 8	
马唐	0.016 8	0.002 3	0.009 6	
悬钩子	0.031 1	0.001 5	0.008 6	
玉叶金花	0.022 0	0.005 6	0.008 6	
落地梅	0.015 6	0.005 0	0.008 6	
展毛野牡丹	0.014 2	0.003 9	0.008 0	
铁线蕨	0.011 7	0.004 1	0.007 9	
海金沙	0.008 1	0.002 7	0.007 5	
红马蹄草	0.032 7	0.006 7	0.007 5	
馥芳艾纳香	0.011 7	0.003 2	0.007 4	
林生沿阶草	0.011 7	0.001 8	0.006 8	
光叶蝴蝶草	0.009 4	0.004 1	0.006 7	
楼梯草	0.008 4	0.003 2	0.006 7	
酢浆草	0.019 2	0.007 6	0.005 2	
金珠柳	0.002 3	0.007 4	0.004 9	
皱叶狗尾草	0.007 3	0.001 3	0.004 5	
粉防己	0.005 6	0.002 6	0.004 1	
卷柏	0.019 4	0.002 3	0.004 1	
黄独	0.002 4	0.001 0	0.003 9	
菝葜	0.039 4	0.003 0	0.003 2	
地耳草	0.002 8	0.001 3	0.002 0	

草本层（行标题，位于表左侧）

2. 群落数据对比分析

按照 Raukiaer 的生活型系统的分类,2015 年小黄花茶种群所在群落高位芽植物最多,占 43.24%,地上芽植物占 16.22%,地面芽植物和隐芽植物占16.89%,一年生植物较少,占 6.77%;2016 年小黄花茶种群所在群落高位芽植物仍为最多,占 35.94%,地上芽植物占比明显增多,占 28.13%,地面芽植物和隐芽植物占 31.25%,一年生植物更少,占 4.69%;2017 年小黄花茶种群所在群落生活型谱整体无较大变化,依然为高位芽植物最多,占 34.89%,地上芽植物占 28.47%,地面芽植物占比稍增多为 21.54%,隐芽植物占比逐年减少为7.41%,一年生植物相对不变,占 7.69%(图 4-28)。

历年观测结果相比,地上芽、地面芽和一年生植物占比增大,说明草本层植物更新较快,在较短时间迅速增多,使得群落整体丰富度增加。高位芽植物生长更新较慢,在一年时间其占比无明显变化,属于群落中稳定的植物类群。由于群落处于沟边、沟谷、山腰、绝壁下等潮湿的地方,蕨类植物丰富,因此隐芽植物占比较高。小黄花茶群落的植物生活型以高位芽植物和地面芽植物占优势,与保护区地处中亚热带范围、属于湿润的亚热带季风气候特征相符。

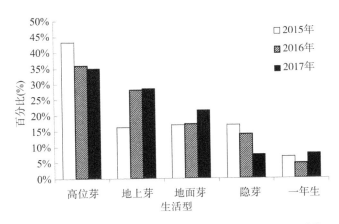

图 4-28　2015—2017 年小黄花茶种群所在群落生活型谱

对小黄花茶样地内小黄花茶植株各径级分布百分比进行分析,结果显示小黄花茶小径级的个体较多,尤其以 1~2 cm、2~3 cm、3~4 cm 胸径个体数最多,后继个体逐渐减少。将历年调查数据进行对比分析,结果显示 2017 年与前两年度相比,除胸径级为 3~4 cm 的比例有所增加外,胸径级分布整体无明显变动,为连续分布,小径级的个体较多,后继个体逐渐减少(表 4-28,图 4-29)。由此可见,小黄花茶的茎增粗生长过程较为缓慢。

表 4-28　2015—2017 年小黄花茶种群胸径级分布对比

胸径(cm)	Ⅰ	Ⅱ	Ⅲ	Ⅳ	Ⅴ	Ⅵ	Ⅶ
2015 年占比	7.49%	35.24%	27.75%	14.54%	6.17%	3.52%	5.29%
2016 年占比	6.67%	46.67%	32.00%	8.00%	5.33%	2.67%	4.00%
2017 年占比	3.85%	34.62%	19.23%	23.08%	7.69%	7.69%	3.85%

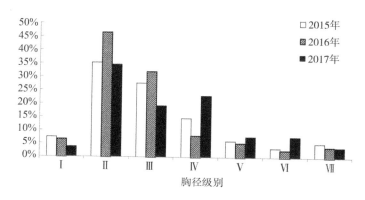

图 4-29　2015—2017 年小黄花茶种群径级分布

(注：Ⅰ～Ⅶ.胸径(cm)：Ⅰ<1；1<Ⅱ≤2；2<Ⅲ≤3；3<Ⅳ≤4；4<Ⅴ≤5；5<Ⅵ≤6；Ⅶ>6)

　　对小黄花茶样地内小黄花茶植株各高度级分布百分比进行分析,结果显示,三年来小黄花茶的高度级总体分布趋势一致。首先,高度 1 m 以下的幼苗数量一般,可见小黄花茶群落中的幼苗库丰富度一般,林下幼苗更新发育状况受到影响,群落的天然更新有一定困难。其次,2～3 m 高度幼树数量居多,表明从幼苗到幼树的发育机制较为健全,之后数量锐减,经历死亡高峰。

　　历年调查数据对比分析后发现,2017 年度与 2016 年度小黄花茶种群高度级比例分布相近(表 4-29,图 4-30);与 2015 年度相比,2016 年与 2017 年 1 m 以下幼苗所占比例明显减少,可见小黄花茶群落中的幼苗库丰富度下降,林下幼苗更新发育状况受到影响,为群落的天然更新带来一定困难。其次,1～2 m 高度幼树占比增多,上个年度的幼苗经过一年时间,生长高度越过 1 m 高度线成长为幼树,并且 2～3 m 高度幼树数量依然居多,表明小黄花茶从幼苗到幼树的发育机制较为健全,生命力强,受到环境干扰较小。但是,3～4 m 高度幼苗数量陡然下降,并且三年来保持一致趋势,说明幼苗由 2～3 m 高度生长成为 3～4 m 高度具有一定困难,且在此过程中具有高淘汰率。调查发现,小黄花茶多存在于陡坡、山崖陡壁、或沟谷两侧底部,通过种、桩、根萌等方式实现种群更新,受到土壤、雨水冲刷、草本层蕨类竞争等环境因素影响,种子成活率低;加上小黄花茶自身生长缓慢,藤本植物缠绕、乔木层优势物种竞争压力及毛竹的快速繁殖等原因,幼树很难长大为大树或进入乔木层,胸径的分布范围进一步说明此问题。因此,应加强对小黄花茶种子收集和幼树的保护,采用就地保护和迁地保护相结合的方法,促进小黄花茶保护。

表 4-29 2015—2017 年小黄花茶种群高度级分布对比

高度(m)	A	B	C	D	E	F	G
2015 占比	16.30%	20.75%	33.92%	8.81%	8.81%	7.93%	3.52%
2016 占比	1.33%	32.00%	40.00%	16.00%	4.00%	1.33%	5.33%
2017 占比	3.70%	33.33%	44.44%	7.41%	3.70%	3.70%	3.70%

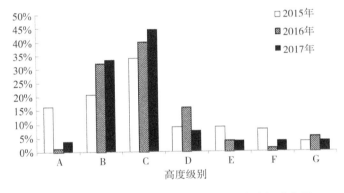

图 4-30 2015—2017 年小黄花茶种群高度级分布图

(注:A～G.高度(m):A<1;1<B≤2;2<C≤3;3<D≤4;4<E≤5;5<F≤6;G>6)

小黄花茶是重要的耐寒种质资源,具有优良的观赏性状,是较好的园艺观赏和园林配置物种,具有广阔的市场开发前景,而开发的前提是种质资源能够得到有效保护。小黄花茶由于生根较难,扦插繁殖存在假活现象和边缘效应,对其种质资源的收集和种群的保护就更为重要。在对小黄花茶的保护中,应加强对生境的监测与管理,适当采伐影响小黄花茶种群生长的竹子,及时清除竹叶凋落物,定期处理影响幼苗生长的草本植物和藤本缠绕植物,对影响光照的乔木适当剪枝。同时,注意收集种子,人工抚育,加快种子萌发和幼苗更新,进一步对小黄花茶的繁殖发育系统和伴生物种化感作用进行研究,使小黄花茶种群稳定、可持续发展。

4.4 人类活动对桫椤种群影响专题研究

4.4.1 监测方法

4.4.1.1 生态旅游对桫椤种群影响监测方法

（1）样地选择：金沙沟、甘沟、南厂沟等处的生态旅游景区；

（2）样地面积：3 个×400 m²/个；

（3）生态旅游影响监测样地标定：

人类的活动会间接影响桫椤的生长，选择沿着金沙沟、甘沟、南厂沟等处的生态旅游景区和葫市沟沟口两侧的毛竹＋桫椤群落建立 3 个小型固定样地（20 m×20 m），分别标记为 RJA、RJB、RJC，样地信息见表 4-30。以 RJA 为例，样地布局如图 4-31 所示。

（4）观测内容：乔木层包括植物种类、胸径、高度等；灌木层包括种类、株数/多度、平均高度、盖度等；草本层包括植物种类、每种植物的多度、叶层平均高度、植被盖度和高度等。

表 4-30 桫椤人为干扰样地信息

样地	经度	纬度	海拔	坡度	坡向
RJA	105°58′23.15″	28°27′23.22″	520 m	9°	东偏南 43°
RJB	105°58′23.25″	28°27′23.31″	519 m	10°	东偏南 42°
RJC	106°01′00.29″	28°25′29.01″	514 m	15°	南偏东 35°

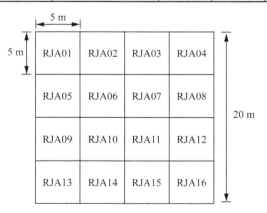

图 4-31 桫椤人为干扰样地监测布局示意图

4.4.1.2　毛竹入侵对桫椤种群影响监测方法

（1）样地选择：葫市沟沟口；

（2）样地面积：3 个×1 200 m²/个；

（3）毛竹入侵影响监测样地标定：

在葫市沟沟口两侧的毛竹＋桫椤群落建立 3 条固定样带（20 m×60 m），研究毛竹入侵干扰对桫椤种群分布和扩散的影响。三个毛竹入侵样带分别为MZA、MZB、MZC，样地信息见表 4-31。

表 4-31　毛竹入侵样带信息表

样地	经度	纬度	海拔	坡度	坡向
MZA	106°00′52.51″	28°28′47.33″	584 m	44°	北偏西 60°
MZB	106°01′38.55″	28°28′43.46″	632 m	18°	南偏西 65°
MZC	106°00′50.02″	28°25′36.44″	515 m	22°	北偏东 40°

毛竹入侵样带中个别样地由于靠近河谷或绝壁从旁边选取合适地块作为替代，样带设置要求为 30 m×80 m，由于缓冲区域不明显，故舍弃缓冲区域，按照毛竹林-毛竹、桫椤混交林-桫椤林要求设置为三个 20 m×20 m，每个 20 m×20 m 划分为 5 m×5 m 进行每木调查。MZA、MZB、MZC 三个样带建立如图 4-32 所示。

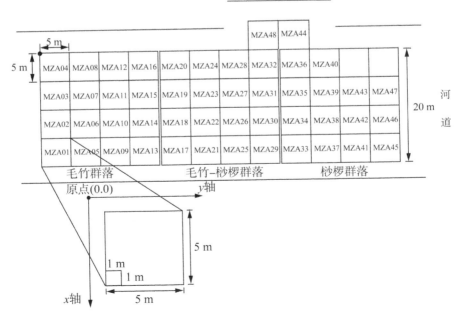

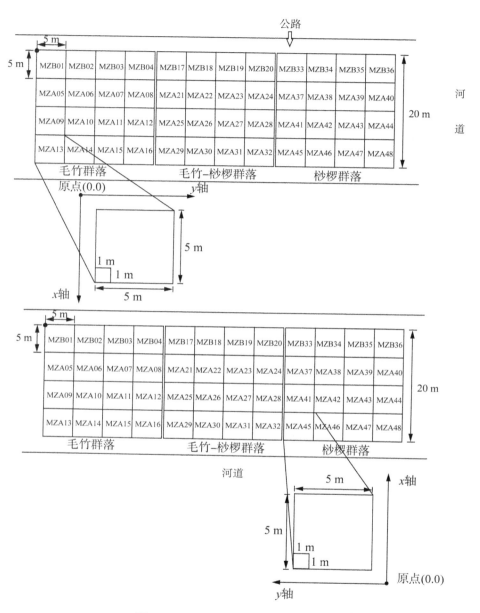

图 4-32 毛竹入侵样带建立示意图

（4）观测内容：乔木层包括植物种类、胸径、高度等；灌木层包括种类、株数/多度、平均高度、盖度等；草本层包括植物种类、每种植物的多度、叶层平均高度、植被盖度和高度等。

4.4.2　监测结果

4.4.2.1　生态旅游对桫椤群落的影响

1. 群落重要值分析

桫椤人为干扰样地内群落物种重要值见表 4-32。由于样地处于景区,芭蕉较多,物种多样性相对较小,毛竹、桫椤、芭蕉是群落乔木层主要物种,芭蕉、毛竹的重要值分别为 0.257 6、0.177 1,桫椤重要值为 0.162 4。

表 4-32　桫椤人为干扰样地群落物种重要值

	物种	相对密度	相对频度	相对优势度	重要值
乔木层	芭蕉	0.331 0	0.258 9	0.182 8	0.257 6
	毛竹	0.170 7	0.142 9	0.217 6	0.177 1
	桫椤	0.128 9	0.169 6	0.188 6	0.162 4
	粗叶木	0.135 9	0.098 2	0.088 4	0.107 5
	罗伞	0.080 1	0.133 9	0.107 3	0.107 1
	陀螺果	0.041 8	0.035 7	0.060 3	0.045 9
	脚骨脆	0.013 9	0.017 9	0.058 7	0.030 2
	毛脉南酸枣	0.003 5	0.008 9	0.036 7	0.016 4
	薄果猴欢喜	0.010 5	0.017 9	0.012 8	0.013 7
	山地水东哥	0.010 5	0.008 9	0.016 2	0.011 9
	糙叶榕	0.017 4	0.008 9	0.002 7	0.009 7
	四川山矾	0.003 5	0.008 9	0.006 4	0.006 3
	红果黄肉楠	0.007 0	0.008 9	0.000 4	0.005 4
	茜树	0.007 0	0.008 9	0.000 2	0.005 4
	山矾	0.003 5	0.008 9	0.000 7	0.004 4
	革叶槭	0.003 5	0.008 9	0.000 1	0.004 2
	物种	相对密度	相对频度	相对优势度	重要值
灌木层	金珠柳	0.020 9	0.026 8	0.003 9	0.017 2
	毛桐	0.003 5	0.008 9	0.015 0	0.009 1
	山茶	0.003 5	0.008 9	0.001 1	0.004 5
	贵州毛柃	0.003 5	0.008 9	0.000 1	0.004 2

	物种	相对高度	相对盖度	重要值	
草本层	福建观音座莲	0.078 4	0.222 4	0.150 4	
	短肠蕨	0.064 8	0.157 3	0.111 0	
	碗蕨	0.083 6	0.074 1	0.078 9	
	红盖鳞毛蕨	0.038 7	0.113 0	0.075 8	
	深绿卷柏	0.010 4	0.002 2	0.006 3	
	密脉木	0.104 5	0.019 8	0.062 1	
	线柱苣苔	0.052 2	0.040 9	0.046 6	
	蕨	0.047 0	0.034 3	0.040 6	
	吊石苣苔	0.043 9	0.035 8	0.039 8	
	圆苞金足草	0.047 0	0.031 7	0.039 4	
	中华秋海棠	0.031 3	0.039 5	0.035 4	
	赤车	0.033 4	0.013 3	0.023 4	
	林生沿阶草	0.028 2	0.015 8	0.022 0	
	楼梯草	0.019 9	0.013 2	0.016 5	
	长叶实蕨	0.018 8	0.012 4	0.015 6	
	糯米团	0.026 1	0.004 0	0.015 0	
	掌裂叶秋海棠	0.016 7	0.012 6	0.014 7	
	皱叶狗尾草	0.020 9	0.003 0	0.011 9	
	翠云草	0.015 7	0.003 3	0.009 5	
	粗叶卷柏	0.012 5	0.003 0	0.007 8	

2. 群落物种数量特征分析

保护区桫椤群落的物种组成丰富，2015 年实地监测发现其伴生维管植物共有 60 科 95 属 122 种，其中蕨类植物有 12 科 13 属 17 种，种子植物有 48 科 82 属 105 种；2016 年第二次实地监测发现其伴生维管植物共有 56 科 82 属 105 种，其中蕨类植物有 8 科 10 属 13 种，种子植物有 48 科 72 属 92 种；2017 年第三次实地监测发现其伴生维管植物共有 61 科 90 属 118 种，其中蕨类植物有 9 科 11 属 15 种，种子植物有 52 科 79 属 103 种（表 4-33）。

对比三个年度内植物类群数量特征，桫椤群落植物种数先减少后增加，物种多样性先降低后增高，2016 年度主要表现在蕨类植物的种类下降。2017 年，由于毛竹受到人为砍伐而大量减少，使得桫椤群落生物多样性明显提升。桫椤群落监测样地内毛竹数量多，成年桫椤生长健康，是群落中的优势种。人为干扰样地因人为干扰严重，群落中物种多样性相对较小，群落小生境容易变化而影响孢子的萌发及发育,针对目前现状,对桫椤进行保护及利用要做到合理开发,优化景区旅游管理制度,严格控制人为活动干扰,加强科学监测研究。

表 4-33　2015—2017 年桫椤群落物种数量组成对比

年度	植物类群	科	属	种
2017	种子	52	79	103
	蕨类	9	11	15
	汇总	61	90	118
2016	种子	48	72	92
	蕨类	8	10	13
	汇总	56	82	105
2015	种子	48	82	105
	蕨类	12	13	17
	汇总	60	95	122

4.4.2.2　毛竹入侵对桫椤种群的影响

1. 群落重要值分析

毛竹入侵样地群落物种重要值见表 4-34,毛竹的相对频度、相对密度、相对优势度都明显大于其他物种,重要值为 0.649 6,是排在第二位的桫椤重要值(0.134 7)的大约 5 倍。竹类种群占据了群落林冠层,使桫椤种群大树层在光照和空间环境上受到胁迫,从而限制并影响桫椤种群的生长发育。野外监测发现,样带内没有竹类入侵干扰的桫椤群落,桫椤分布集中,幼苗数量相对较多;竹类轻度入侵干扰时,桫椤随机分布,偶有幼苗;毛竹林内,桫椤多以大树形式存在,偶有幼树,几乎不见幼苗。

表 4-34　毛竹入侵样地群落物种重要值

	物种名称	相对频度	相对优势度	相对密度	重要值
乔木层	毛竹	0.657 5	0.412 7	0.878 6	0.649 6
	桫椤	0.094 7	0.174 6	0.134 8	0.134 7
	罗伞	0.052 5	0.083 3	0.074 7	0.070 2
	毛桐	0.020 5	0.067 5	0.029 2	0.039 1
	慈竹	0.049 1	0.019 8	0.016 2	0.028 4
	粗叶木	0.010 3	0.023 8	0.014 6	0.016 2
	臭椿	0.009 1	0.019 8	0.013 0	0.014 0

续表

	物种名称	相对频度	相对优势度	相对密度	重要值
乔木层	脚骨脆	0.010 3	0.015 9	0.014 6	0.013 6
	窄叶柃	0.012 6	0.015 9	0.011 4	0.013 3
	穗序鹅掌柴	0.004 6	0.011 9	0.006 5	0.007 7
	山地水东哥	0.009 1	0.007 9	0.004 9	0.007 3
	粗糠柴	0.005 7	0.007 9	0.008 1	0.007 3
	芭蕉	0.003 4	0.011 9	0.004 9	0.006 7
	柿	0.003 4	0.007 9	0.004 9	0.005 4
	油桐	0.003 4	0.007 9	0.004 9	0.005 4
	复羽叶栾树	0.003 4	0.004 0	0.004 9	0.004 1
	榕树	0.002 3	0.004 0	0.003 2	0.003 2
	香樟	0.002 3	0.004 0	0.003 2	0.003 2
	野鸦椿	0.002 3	0.004 0	0.003 2	0.003 2
	楤木	0.001 1	0.004 0	0.001 6	0.002 2
	楝	0.001 1	0.004 0	0.001 6	0.002 2
	毛脉南酸枣	0.001 1	0.004 0	0.001 6	0.002 2
	毛叶木姜子	0.001 1	0.004 0	0.001 6	0.002 2
	木姜子	0.001 1	0.004 0	0.001 6	0.002 2
	山矾	0.001 1	0.004 0	0.001 6	0.002 2
	盐肤木	0.001 1	0.004 0	0.001 6	0.002 2
	物种名称	相对频度	相对优势度	相对密度	重要值
灌木层	竹叶榕	0.011 4	0.015 9	0.008 1	0.011 8
	河滩冬青	0.012 6	0.011 9	0.009 7	0.011 4
	金珠柳	0.003 4	0.011 9	0.004 9	0.006 7
	水麻	0.003 4	0.011 9	0.004 9	0.006 7
	山黄麻	0.001 1	0.004 0	0.001 6	0.002 2
	山乌桕	0.001 1	0.004 0	0.001 6	0.002 2
	雾水葛	0.001 1	0.004 0	0.001 6	0.002 2
	物种名称	相对盖度	相对密度	重要值	
草本层	渐尖毛蕨	0.033 0	0.544 2	0.288 6	
	竹叶草	0.204 3	0.209 6	0.206 9	
	红盖鳞毛蕨	0.141 5	0.129 1	0.135 3	
	卷柏	0.099 8	0.086 8	0.093 3	
	山姜	0.083 5	0.087 2	0.085 3	

续表

	物种名称	相对盖度	相对密度	重要值
	过路黄	0.082 7	0.072 4	0.077 6
	肉穗草	0.060 2	0.058 4	0.059 3
	蚕茧草	0.044 6	0.065 0	0.054 8
	皱叶狗尾草	0.041 7	0.044 6	0.043 2
	姜花	0.019 1	0.065 3	0.042 2
	三穗薹草	0.039 9	0.026 3	0.033 1
	糯米团	0.035 2	0.030 8	0.033 0
	水龙骨	0.034 8	0.029 2	0.032 0
	寒莓	0.021 8	0.032 0	0.026 9
	水麻	0.026 1	0.017 8	0.022 0
	圆苞金足草	0.027 2	0.016 6	0.021 9
	蕨	0.020 3	0.013 7	0.017 0
	龙芽草	0.021 8	0.010 9	0.016 3
	赤车	0.018 5	0.011 6	0.015 1
草本层	楼梯草	0.017 1	0.012 4	0.014 7
	翅柄马蓝	0.012 7	0.016 7	0.014 7
	冷水花	0.019 2	0.010 1	0.014 7
	东风草	0.012 0	0.016 2	0.014 1
	鸭儿芹	0.014 5	0.009 6	0.012 0
	弓果黍	0.012 3	0.010 9	0.011 6
	淡竹叶	0.012 3	0.010 6	0.011 5
	野茼蒿	0.014 5	0.007 3	0.010 9
	芒	0.012 7	0.006 6	0.009 7
	常山	0.009 1	0.006 3	0.007 7
	红蓼	0.009 1	0.005 6	0.007 3
	浆果薹草	0.009 1	0.005 0	0.007 0
	沿阶草	0.007 3	0.006 2	0.006 7
	短肠蕨	0.002 9	0.009 2	0.006 1
	乌毛蕨	0.007 3	0.004 5	0.005 9
	碗蕨	0.004 7	0.004 0	0.004 4
	粉防己	0.004 4	0.002 9	0.003 6
	菊蒿	0.003 6	0.002 6	0.003 1
	铜锤玉带草	0.004 0	0.002 2	0.003 1
	地果	0.002 2	0.002 2	0.002 2

2. 桫椤数量分析

通过研究毛竹入侵样带内不同群落桫椤数量百分比，分析竹类入侵对桫椤种群的影响。在竹类入侵干扰下，竹类生长迅速，并占据群落林冠层，群落内各种生态因子以及物种组成等发生了变化，从而导致样带内桫椤数量沿着河岸桫椤群落到山坡竹林呈现锐减趋势。

在 2015—2017 年度监测中，对比年度毛竹入侵样带不同群落桫椤数量百分比，发现 2017 年度不同群落桫椤数量百分比与 2016 年相近，但桫椤在各群落占比均有所提高，增幅约 5%（图 4-33），主要是因为毛竹作为经济作物在本年度受到人为砍伐，为桫椤的增殖提供了有利的空隙期。

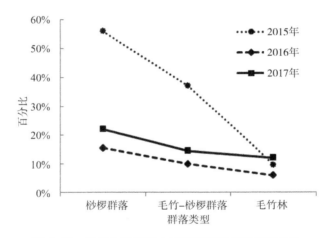

图 4-33　毛竹入侵样带内不同群落桫椤数量百分比

但是，与 2015 年相比，桫椤群落和毛竹-桫椤群落中桫椤数量占比依然下降，由于毛竹入侵影响，群落内桫椤数量大幅度下降；其主要表现为毛竹快速的更新速度严重抑制了桫椤幼苗的生长，甚至在桫椤近成年时依然受到毛竹的生长干扰（图 4-34），同时毛竹枯落物使得桫椤孢子落下无法正常与土壤接触，达不到萌发的要求，导致萌发率降低。毛竹是当地的经济作物，在更新至一定程度会遭到采伐，为毛竹提供了阳光空间，进一步促进了毛竹的更新和疯长。在此情况下，桫椤的更新与扩大更为困难。

图 4-34　毛竹对成年桫椤生长的抑制

第五章

动物多样性监测

5.1 总体布局

动物多样性监测以物种监测为主，根据哺乳类、鸟类和两栖爬行类等不同类群的特点，选择有针对性的监测方法开展业务化监测工作。

5.1.1 布局原则

（1）科学性原则

有明确的监测目标，监测样地和监测对象应具有代表性，能全面反映监测区域内陆生脊椎动物多样性和群落的整体状况；应采用统一、标准化的监测方法，对动物种群动态变化进行长期监测。监测方法和结果应具有可重复性。

（2）可操作性原则

监测计划应考虑所拥有的人力、资金和后勤保障等条件，监测样地应具备一定的交通条件和工作条件。

（3）保护性原则

尽量采用非损伤性取样方法，避免不科学的频繁监测。若要捕捉国家重点保护野生动物进行取样或标记，必须获得相关主管部门的行政许可。

（4）安全性原则

在捕捉、处理潜在疫源动物时，应按有关规定进行防疫处理。实地监测工作属野外作业，观测者应具有相关专业背景并接受相关专业培训，增强安全意识，做好防护措施。

（5）可持续性原则

监测工作应满足生物多样性保护和管理的需要，并能有效地指导生物多样性保护和管理。监测对象、监测样地、监测方法、监测时间和频次一经确定，应长期保持固定,不能随意变动。

5.1.2 动物多样性监测总体布局

根据《监测方案》和监测布局原则,结合生境类型和地形等保护区的实际情况,采用 ArcGIS 的网格生成工具,将整个监测区域划分为若干个 400 ha(2 km×2 km)的正方形网格。当赤水桫椤保护区范围占据正方形网格 2/3 以上面积时,即视为一个有效监测样区。据此,整个监测区域被划分为 35 个有效监测样区。采用分层随机抽样的方法,根据保护区功能分区的面积比例,在实验区和缓冲区选取 3 个监测样区、在核心区选取 2 个监测样区,抽样强度为 15%。监测样区的概况见表 5-1,监测样区分布图见图 5-1。

表 5-1 贵州赤水桫椤国家级自然保护区动物多样性监测总体布局

监测对象	监测样区位置	涉及功能分区	抽样设置	调查方法
哺乳类	①位于老房子、五块田、梁子上等区域	实验区	每个监测样区划分成 4 个 1 km×1 km 的小样区,每个小样区布设 1 台红外相机,共计 20 台	红外相机陷阱法
	②位于锅巴岩、雄鞍山等区域	实验区缓冲区		
	③位于炭厂塆、高峰等区域	实验区		
	④位于暗河溪等区域	核心区		
	⑤位于万寿岩、拉桨岩等区域	核心区		
鸟类	整个监测区域	整个监测区域	共布设 10 条监测样线,每条 1～5 km 不等,总长 27.6 km	样线法
两栖类和爬行类	①位于老房子、五块田、梁子上等区域	实验区	每个监测样区划分成 4 个 1 km×1 km 的小样区,针对不同类群分别在每个小样区内布设 1 条样线,每条 200～500 m,共计 40 条样线	样线法
	②位于锅巴岩、雄鞍山等区域	实验区缓冲区		
	③位于炭厂塆、高峰等区域	实验区		
	④位于暗河溪等区域	核心区		
	⑤位于万寿岩、拉桨岩等区域	核心区		

2015 年 4 月,根据《监测方案》的安排,生态环境部南京环境科学研究所、贵州赤水桫椤国家级自然保护区管理局、贵州大学等开展预调查工作,选定物种多样性监测样区,分别确定哺乳类红外相机布设方案及鸟类、爬行类和两栖类固定监测样线。

(1) 哺乳类:由贵州大学和贵州赤水桫椤国家级自然保护区管理局组成外业调查小组,根据监测方案确定的监测样区采用红外相机陷阱法开展调查。将

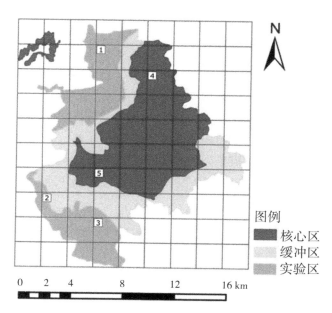

图5-1 贵州赤水桫椤国家级自然保护区生物多样性监测样区分布图

（备注：监测样区编号同表5-1）

5个监测样区分别划分为4个1 km×1 km的小样区，在每个小样区内选取哺乳类动物的典型生境布设1台红外触发相机，即每个监测样区内布设4台红外触发相机，整个监测区域内总共布设20台。

（2）鸟类：由贵州大学、成都观鸟会、贵州赤水桫椤国家级自然保护区管理局组成外业调查小组，根据实地调查确定的监测样线开展调查。在5个监测样区内共设置鸟类固定样线10条，每条样线长度1～5 km不等，以样线双侧50 m（单侧宽平均25 m）计算，样线总长度为27.6 km，抽样强度为1.04％，监测样线涵盖保护区核心区、缓冲区和实验区，覆盖常绿阔叶林、落叶阔叶林等主要植被类型，同时兼顾河谷、低山和中山区域。

（3）两栖类和爬行类：由贵州大学、贵州赤水桫椤国家级自然保护区管理局组成外业调查小组，根据监测方案结合实地调查确定的监测样线开展调查。将5个监测样区分别划分为4个1 km×1 km的小样区，选取两栖类和爬行类动物的典型生境，采用样线法开展监测。针对两栖类和爬行类动物，每个小样区各布设1条样线，每条样线长度为200～500 m，其中，两栖类监测样线共计20条，样线总长度为5.647 km；爬行类监测样线共计20条，样线总长度为5.770 km。

5.2 哺乳类多样性监测

5.2.1 监测方案

5.2.1.1 监测方法

采用红外相机陷阱法对保护区内哺乳类动物开展常态化监测。红外相机陷阱法是指利用红外感应自动照相机,自动记录在其感应范围内活动的动物影像的监测方法。

拍摄照片像素为 500 万,3 张连拍,间隔时间为 3 s。将相机安装在动物活动痕迹较多的地方,相机架设位置一般距离地面 0.3～1.0 m,架设方向尽量避免阳光直射。相机镜头与地面大致平行,略向下倾,一般与动物活动路径呈锐角夹角,并清理相机前的空间,减少对照片成像质量的干扰。核对相机编号,并用 GPS 仪记录位置。

每一个样点应该至少收集 1 000 个相机工作小时的数据。在夏季每个样点须至少连续工作 30 天,以完成一个监测周期。记录各样点拍摄起止日期、照片和视频拍摄时间、动物物种与数量、年龄等级、可能的性别、外形特征等信息,建立信息库,归档保存。

相机布设时至少 2 人一组,1 人负责红外相机布设,另外 1 人填表和登记。另外,在正式开展监测之前,调查人员于 2015 年 4 月开展预调查,并且查阅相关文献,了解监测区域内哺乳动物群落现状,完善红外相机布设方案。

哺乳类物种多样性监测时间为 2015 年 8 月至 2017 年 4 月。2015 年度指 2015 年 8 月至 2016 年 6 月,2016 年度指 2016 年 6 月至 2017 年 4 月。

5.2.1.2 相机布设位点

在所选的 5 个监测样区内,将每个 2 km×2 km 的监测样区划分成 4 个 1 km×1 km 的小样区,采用红外相机陷阱法开展常态化监测。针对哺乳类动物,选择兽道、水源地等典型生境布设红外触发相机,分别在每个小样区内布设 1 台红外触发相机,即每个监测样区内布设 4 台红外触发相机,共计 20 台(图 5-2)。相机布设生境包括灌丛、阔叶林、针阔叶混交林和竹林,海拔跨度为 600～1 200 m(表 5-2、表 5-3)。

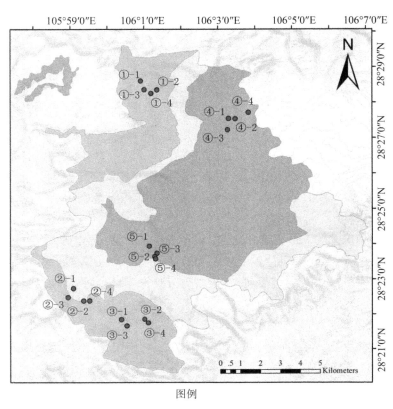

图例

● 红外相机布设位点　▨ 实验区　■ 核心区　□ 缓冲区

图 5-2　赤水桫椤保护区哺乳类监测红外相机布设位置示意图

（红外相机布设位点编号同表 5-2）

表 5-2　赤水桫椤保护区红外相机布设基本信息

样区	地点	位点	植被类型	海拔（m）
①样区	老房子、五块田、梁子上等区域	1	竹林	708
		2	阔叶林	1 101
		3	竹林	925
		4	竹林	1 104
②样区	锅巴岩、雄鞍山等区域	1	针阔叶混交林	763
		2	竹林	970
		3	阔叶林	605
		4	针阔叶混交林	944

样区	地点	位点	植被类型	海拔(m)
③样区	炭厂坞、高峰等区域	1	阔叶林	864
		2	针阔叶混交林	912
		3	针阔叶混交林	908
		4	针阔叶混交林	962
④样区	暗河溪等区域	1	阔叶林	675
		2	阔叶林	761
		3	阔叶林	689
		4	阔叶林	844
⑤样区	万寿岩、拉桨岩等区域	1	灌丛	838
		2	灌丛	914
		3	灌丛	967
		4	灌丛	1 051

表 5-3　赤水桫椤保护区各生境类型和海拔红外相机安装位点数

	生境类型				海拔(m)		
	灌丛	阔叶林	针阔叶混交林	竹林	600～800	800～1 000	1 000～1 200
安装位点数(个)	4	7	5	4	6	11	3
比例(%)	20	35	25	20	30	55	15

5.2.1.3　监测指标

主要监测指标为哺乳类的物种丰富度、物种相对丰富度指数、物种多样性指数等。

(1)物种丰富度:通过红外相机陷阱法调查发现的区内哺乳动物的物种总数。

(2)物种相对丰富度指数:指每 100 个捕获日所获取某一物种在所有相机位点($i=1,2,\cdots$)的独立有效照片数。

采用红外相机陷阱法对哺乳类开展监测,监测物种被相机拍摄的频率可以表示该物种的丰富度。目前通常使用相对丰富度指数(RAI)表示监测物种的丰富度,其计算公式为:

$$RAI = \sum_{i=1}^{n} d_i \times 100 / \sum_{i=1}^{n} tn_i$$

式中:d_i——在 i 相机位点捕获的物种次数。

tn_i——在 i 相机位点正常工作的捕获日。

(3)哺乳类动物的物种多样性指数:采用 Shannon-Wiener 指数衡量。其计算公式为:

$$H = -\sum_{i=1}^{S} (P_i)(\log_2 P_i), (i = 1, 2, \cdots, S)$$

式中:H——Shannon-Wiener 指数;

S——哺乳类的总物种数;

P_i——物种 i 的个体数占所有哺乳类物种个体数的比例。

5.2.2 监测结果

5.2.2.1 种类组成和哺乳动物区系

经过对监拍影像的整理获得影像资料,经统计,2015 年度监测的拍摄时长总计 576 d,共获得照片 9 846 张;对拍摄照片进行去重处理后,获得相片数 3 281 张。2016 年度监测的拍摄时长总计 643 d,共获得照片 11 532 张;对拍摄照片进行去重处理后,获得照片数 3 837 张(表 5-4)。

表 5-4 赤水桫椤保护区 2015 和 2016 年度哺乳类监测红外相机拍摄照片情况

拍摄内容	照片数量(张)	
	2015 年度	2016 年度
哺乳类	399(12.16%)	564(14.70%)
鸟类	186(5.67%)	300(7.82%)
无法识别	140(4.27%)	70(1.82%)
人为干扰	254(7.74%)	545(14.20%)
空照片	2 302(70.16%)	2 358(61.46%)
总计	3 281(100%)	3 837(100%)

经鉴定,2015 年度拍摄照片中可识别哺乳类照片数 277 张,共计物种数 9 种,其中偶蹄目和食肉目物种数较多(表 5-5);2016 年度拍摄照片中可识别哺乳类照片数 335 张,共计物种数 14 种,其中食肉目物种数最多,其次为偶蹄目物种(表 5-5)。

表 5-5　赤水桫椤保护区 2015 和 2016 年度哺乳类监测物种组成

目	科	物种数	
		2015 年度	2016 年度
灵长目	1	1	1
食肉目	2	3	6
偶蹄目	3	3	4
啮齿目	2	2	3
合计	8	9	14

保护区内哺乳类动物各科物种区系成分统计结果表明,2015—2016 年度保护区内监测到的哺乳类物种区系分布均为广布种和东洋界物种(表 5-6)。

表 5-6　赤水桫椤保护区 2015 和 2016 年度哺乳类监测物种区系成分

区系成分	2015 年度			2016 年度		
	目	科	物种	目	科	物种
广布种	3	4	4	3	6	7
东洋界	4	4	5	4	5	7

5.2.2.2　物种多样性和相对丰富度

监测结果显示,2015 年度保护区内藏酋猴(*Macaca thibetana*)和毛冠鹿(*Elaphodus cephalophus*)物种相对丰富度指数较高,其次为小麂(*Muntiacus reevesi*)和鼬獾(*Melogale moschata*);2016 年度保护区内毛冠鹿、小麂和鼬獾物种相对丰富度指数较高,其次为藏酋猴(表 5-7)。

表 5-7　赤水桫椤保护区 2015 和 2016 年度哺乳类监测物种相对丰富度指数(*RAI*)

物种	物种相对丰富度指数(*RAI*)		分布区域 *
	2015 年度	2016 年度	
藏酋猴 *Macaca thibetana*	9.20	7.46	①②③④⑤
黄腹鼬 *Mustela kathiah*	—	2.02	①③④
黄鼬 *Mustela sibirica*	0.17	0.31	③

续表

物种	物种相对丰富度指数（RAI）		分布区域*
	2015 年度	2016 年度	
鼬獾 *Melogale moschata*	6.77	7.78	①③④
小灵猫 *Viverricula indica*	—	0.93	①
斑林狸 *Prionodon padicolor*	—	0.16	②
果子狸 *Paguma larvata*	0.69	1.56	①③④
野猪 *Sus scrofa*	4.17	3.89	①⑤
毛冠鹿 *Elaphodus cephalophus*	9.72	8.24	①②③④⑤
小鹿 *Muntiacus reevesi*	7.12	7.78	①②③④⑤
中华鬣羚 *Capricornis milneedwardsii*	—	0.16	③
赤腹松鼠 *Callosciurus erythraeus*	5.38	5.6	①②③④⑤
隐纹花松鼠 *Tamiops swinhoei*	—	0.16	③
中国豪猪 *Hystrix hodgsoni*	4.86	6.06	③⑤

注：*监测样区编号同表 5-2。

Shannon-Wiener 指数统计结果表明，2016 年度保护区哺乳类物种多样性指数大于 2015 年度监测结果，均匀度指数小于 2015 年度（表 5-8）。

表 5-8　赤水桫椤保护区 2015 和 2016 年度哺乳类监测物种多样性

指数	2015 年度	2016 年度
Shannon-Wiener 指数	0.855	0.959
均匀度指数	0.896	0.836

5.2.2.3　珍稀濒危哺乳动物

本次调查发现多种珍稀濒危动物，其中小灵猫（*Viverricula indica*）属国家一级重点保护野生动物，藏酋猴（*Macaca thibetana*）、斑林狸（*Prionodon padicolor*）、毛冠鹿（*Elaphodus cephalophus*）和中华鬣羚（*Capricornis milneedwardsii*）属国家二级重点保护野生动物，黄腹鼬等 8 种被列入《国家保护的有益的或者有重要经济、科学研究价值的陆生野生动物名录》；藏酋猴、斑林狸和中华鬣羚被《中国生物多样性红色名录》列为易危（VU）等级，小灵猫、毛冠鹿、小鹿（*Muntiacus reevesi*）、黄腹鼬（*Mustela kathia*）、鼬獾（*Melogale moschata*）和果子狸（*Paguma larvata*）被列为近危（NT）等级。另外，中国特有种有 2 种，分别为藏酋猴和小麂（表 5-9）。

表 5-9　赤水桫椤保护区 2015 和 2016 年度哺乳类监测珍稀濒危物种名录

物种	国家重点保护野生动物	中国生物多样性红色名录	中国特有种	三有名录
藏酋猴 *Macaca thibetana*	二级	VU	√	
黄腹鼬 *Mustela kathiah*		NT		√
黄鼬 *Mustela sibirica*				√
鼬獾 *Melogale moschata*		NT		√
小灵猫 *Viverricula indica*	一级	NT		
斑林狸 *Prionodon padicolor*	二级	VU		
果子狸 *Paguma larvata*		NT		√
野猪 *Sus scrofa*				
毛冠鹿 *Elaphodus cephalophus*	二级	NT		
小麂 *Muntiacus reevesi*		NT	√	√
中华鬣羚 *Capricornis milneedwardsii*	二级	VU		
赤腹松鼠 *Callosciurus erythraeus*				√
隐纹花松鼠 *Tamiops swinhoei*				√
中国豪猪 *Hystrix hodgsoni*				√

（1）藏酋猴

藏酋猴体型粗壮，是中国猕猴属中最大的一种。头大，颜面皮肤肉色或灰黑色，成年雌猴面部皮肤肉红色，成年雄猴两颊及下颏有似络腮胡样的长毛。头顶和颈毛褐色，眉脊有黑色硬毛；背部毛色深褐，靠近尾基黑色，幼体毛色浅褐。尾短，不超过 10 cm。常栖息于山地阔叶林区有岩石的生境中，集群生活。喜在地面活动，在崖壁缝隙、陡崖或大树上过夜。以多种植物的叶、芽、果、枝及竹笋为食，亦食鸟及鸟卵、昆虫等动物性食物。此次监测期间，在保护区监测样区内均有分布，种群密度较高。

（2）小灵猫

小灵猫体毛短而粗密，无竖起的背毛冠。头小，鼻吻部尖，外耳廓大而圆。体色灰至褐色，足颜色较深，至深褐色或黑色。中背线黑色，两侧各有 4～5 排小斑点。斑点向中线密集，腹部斑点更明显。尾部有 6～9 个完整的黑环，尾尖通常白色。常见于草地和灌丛，也见于农田和村庄附近，以鼠类、松鼠、蜥蜴、昆虫等为食。独居，夜行性。此次监测期间，葫市五洞桥附近区域有分布。

（3）斑林狸

斑林狸体型较小，是中国灵猫科动物中最小的一种。体态纤细，四肢短。茂密的皮毛细而短，颈较长。在背部中央两侧有两排斑点，有时接近尾部融合成一条中北线。尾长，有8~10个尾环和白尾尖。雌雄两性均无气味腺。主要捕食小型脊椎动物，树栖型，独居，夜行性。此次监测期间，在元厚木子垭区域有分布，种群密度较小。

（4）中华鬣羚

中华鬣羚体高腿长，毛色较深，具有向后弯的短角，颈背部有长而蓬松的鬣毛延伸成为背部的粗毛脊。耳大，有显著的眶前腺，尾短被毛。常栖息于崎岖陡峭多岩石的丘陵地区，采食多种植物的树叶和幼苗。大部分夜间活动，独居。此次监测期间，在元厚高峰区域有分布。

（5）毛冠鹿

毛冠鹿体型较小，雄性具有长的尖齿，在额部有深色的丛毛，雄性短而薄的角基盘和小角隐藏在丛毛中。毛粗，近乎刺状，呈现出蓬松的外观。尾下白色，耳端、耳基和鼻吻部侧面有白毛。常栖息于高湿森林，靠近水源的地区。食物以草、树叶和果实为主。此次监测期间，在保护区监测样区内均有分布，种群密度较高。

5.3 鸟类多样性监测

5.3.1 监测方案

5.3.1.1 监测样线设置

根据《监测方案》，结合生境类型和地形设置固定样线；监测区域内共设置鸟类固定样线10条，样线总长度为27.6 km，覆盖保护区内主要植被类型（表5-10，图5-3）。监测样线的起点和终点各埋设一根PVC管作为标记。

表5-10　赤水桫椤保护区鸟类多样性监测固定样线概况

编号	样线位置	涉及功能分区	长度（km）
♯1	酸草沟—五洞桥—幺站上	实验区	2.1
♯2	梁子上—高洞口—楠竹垭—磨子岩	实验区、缓冲区、核心区	4.9

编号	样线位置	涉及功能分区	长度（km）
♯3	董家沟—红岩沟	实验区	3.1
♯4	大坪子—狮子岩—硝岩坡—钟山	实验区	3.9
♯5	紫黄沟	缓冲区、核心区	2.9
♯6	甘沟	缓冲区	1.3
♯7	大水沟景区	缓冲区、核心区	1.9
♯8	两岔河—小坪子—炭厂沟—万寿岩	核心区	3.2
♯9	郑家山—白杨坪—五柱峰	缓冲区	1.5
♯10	木子埂—大角洞—干河沟	实验区	2.8
总计			27.6

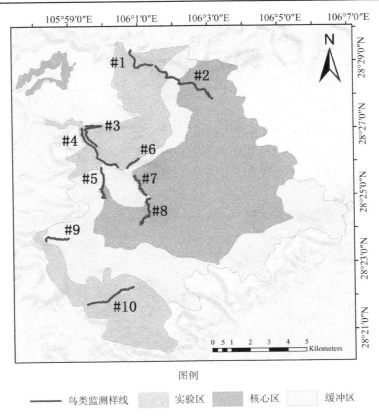

图例

——— 鸟类监测样线　　▨ 实验区　　▨ 核心区　　▨ 缓冲区

图 5-3　赤水桫椤保护区鸟类多样性监测固定样线位置图

（样线编号及其详细情况见表 5-10）

5.3.1.2 监测方法

采用可变距离样线法（Bibby 1992）对整个监测区域开展常态化监测。鸟类物种监测分三个时期开展，分别为 2015 年 6 月 24 日至 27（繁殖期）、2015 年 10 月 30 日至 11 月 2 日（迁徙期）和 2016 年 1 月 24 日至 26 日（越冬期），每个时期开展一次调查。在鸟类物种多样性监测时，以 2 ～ 3 人为一组，至少有 1 人具有鸟类学专业背景，熟悉鸟类识别和分类，掌握监测程序和规范。另外，在正式开展监测之前，调查人员于 2015 年 4 月开展了预调查，熟悉了监测线路，初步了解了保护区的鸟类及其鸣声特点。

在晴朗、风力不大（三级以下风力）的天气条件下，清晨或傍晚在鸟类活动的高峰期，调查人员沿着固定的样线行走，行进速度为 1.5 ～ 3 km/h，记录样线两侧及前方所有见到或听到的鸟种及其数量。样线后方的鸟类个体不统计，以避免重复计数。调查时发现鸟类个体时，记录鸟种距样线前进方向的垂直距离；惊飞个体以起始飞离位置测量距离。如果只能听见鸣声，则采用估算的方法确定距离。另外，还需记录鸟类个体被发现时所处位置和栖息地类型。

5.3.1.3 监测指标

主要监测指标为鸟类的物种丰富度、数量、种群密度、鸟类多样性指数等。

（1）物种丰富度：通过样线法调查发现的鸟类的物种总数。

（2）种群密度：指单位面积鸟类的个体数量。利用 Distance 软件估算鸟类的种群密度。

（3）鸟类多样性指数：采用 Shannon-Wiener 指数衡量。其计算公式为：

$$H = -\sum_{i=1}^{S} (P_i)(\log_2 P_i), (i = 1, 2, \cdots, S)$$

式中：H——Shannon-Wiener 指数；

S——鸟类总物种数；

P_i——物种 i 的个体数占所有鸟类个体数的比例。

5.3.2 监测结果

5.3.2.1 物种多样性

四次调查共记录鸟类 11 目 36 科 73 种（分类系统依据《中国鸟类分类与分

布名录(第二版)》),鸟类名录及详细情况见附录三。其中,雀形目物种数最多(54 种),占总鸟类物种数的 73.97%(表 5-11)。繁殖期调查记录的鸟类物种数最多,为 8 目 30 科 46 种,占总物种数的 63.01%;迁徙期记录物种 5 目 22 科 42 种,占总物种数的 57.53%;越冬期记录物种数最少,为 3 目 17 科 30 种,占总物种数的 41.10%。

表 5-11 赤水桫椤保护区鸟类多样性监测物种组成

目	预调查(4月)		繁殖期(6月)		迁徙期(10—11月)		越冬期(1月)		合计	
	科	种	科	种	科	种	科	种	科	种
鹲形目			1	1					1	1
隼形目	1	1							1	1
鸡形目			1	1			1	2	1	3
鸰形目	1	1							1	1
鸽形目			1	2					1	3
鹃形目	1	1	1	1					1	2
鸮形目			1	2	1	1			1	3
咬鹃目							1	1	1	1
佛法僧目			1	1	1	1			1	1
啄木鸟目			2	3	2	3			2	3
雀形目	14	22	22	35	17	36	15	27	25	54
合计	17	25	30	46	22	42	17	30	36	73

Shannon-Wiener 指数统计结果表明,繁殖期鸟类多样性指数最大($H=1.35$),均匀度指数最高($J=0.81$);越冬期鸟类多样性指数最小($H=1.09$),均匀度指数也最小($J=0.74$)(表 5-12)。

表 5-12 赤水桫椤保护区鸟类监测物种多样性

	Shannon-Wiener 指数(H)	均匀度指数(J)
繁殖期	1.35	0.81
迁徙期	1.19	0.75
越冬期	1.09	0.74
平均值	1.21	0.77

对不同生境类型的鸟类物种多样性进行统计,分析结果表明,竹林生境容纳

的鸟类物种在繁殖期和迁徙期最高；灌丛生境在迁徙期容纳的物种最高；居民区生境在全年的鸟类物种多样性都较低（表5-13、图5-4和图5-5）。

表5-13　赤水桫椤保护区不同生境类型鸟类物种多样性

生境类型	繁殖期		迁徙期		越冬期	
	H	J	H	J	H	J
乔木林	0.980	0.670	0.904	0.789	0.639	0.821
灌丛	0.994	0.825	1.037	0.702	0.51	0.49
农田			0.477	1	0.458	0.96
竹林	1.110	0.902	0.953	0.745	0.941	0.75
溪流	0.910	0.817	0.489	0.579	0.763	0.902
居民区	0.687	0.883	0.217	0.722	0.301	1

注：H—Shannon-Wiener 指数；J—均匀度指数。

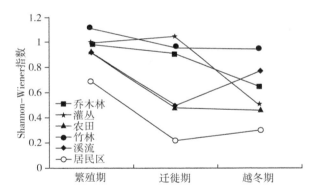

图5-4　赤水桫椤保护区不同生境鸟类物种多样性指数

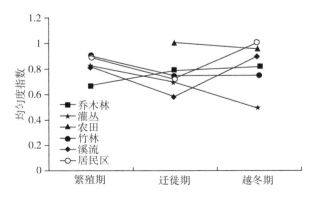

图5-5　赤水桫椤保护区不同生境鸟类物种均匀度指数

5.3.2.2 居留型概况

对鸟类的居留型进行统计后发现,旅鸟有 3 种(占总种数的 4.11%),夏候鸟有 9 种(占总种数的 12.33%),冬候鸟有 5 种(占总种数的 6.85%),留鸟最多,为 56 种(占总种数的 76.71%)(图 5-6)。

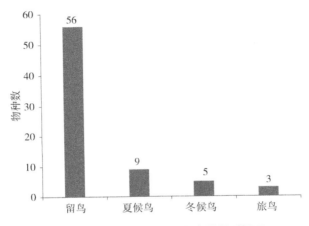

图 5-6 赤水桫椤保护区鸟类居留型概况

5.3.2.3 鸟类区系概况

根据《中国动物地理》鸟类区系划分,保护区有古北界鸟类 5 种,占总物种数 6.85%;东洋界鸟类 36 种,占总物种数的 49.32%;广布种鸟类 32 种,占总物种数的 43.83%(图 5-7)。

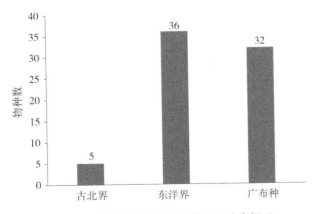

图 5-7 赤水桫椤保护区鸟类区系分布概况

5.3.2.4 种群密度

采用不定距离样线法对保护区不同季节鸟类种群开展调查,利用 Distance Software 构建探测概率模型,各鸟类物种在不同时期的种群密度见表 5-14。其中,繁殖期栗耳凤鹛(*Yuhina castaniceps*)、灰眶雀鹛(*Alcippe morrisonia*)等种群密度较大;迁徙期灰眶雀鹛、黑额凤鹛(*Yuhina nigrimenta*)、领雀嘴鹎(*Spizixos semitorques*)、棕脸鹟莺(*Abroscopus albogularis*)和栗耳凤鹛比较密集,种群密度均大于 0.5 只/ha;越冬期斑文鸟(*Lonchura punctulata*)、绿翅短脚鹎(*Ixos mcclellandii*)和灰喉鸦雀(*Sinosuthora alphonsianus*)种群密度较大,特别是斑文鸟,主要分布在葫市幺站上等区域的灌丛当中,集群越冬。

表 5-14　赤水桫椤保护区不同时期鸟类种群密度

物种	繁殖期(6月)	迁徙期(10—11月)	越冬期(1月)
苍鹭 *Ardea cinerea*	0.006(0.001～0.037)		
灰胸竹鸡 *Bambusicola thoracicus*	0.017(0.003～0.098)	0.111(0.017～0.731)	
环颈雉 *Phasianus colchicus*			0.017(0.003～0.11)
山斑鸠 *Streptopelia orientalis*	0.05(0.007～0.382)		
珠颈斑鸠 *Streptopelia chinensis*		0.022(0.003～0.154)	
楔尾绿鸠 *Treron sphenurus*	0.001(0～0.006)		
乌鹃 *Surniculus lugubris*	0.004(0.001～0.015)		
黄腿渔鸮 *Ketupa flavipes*	0.024(0.004～0.157)		
斑头鸺鹠 *Glaucidium cuculoide*	0.001(0～0.005)		
红头咬鹃 *Harpactes erythrocephalus*			0.033(0.005～0.219)
普通翠鸟 *Alcedo atthis*	0.033(0.005～0.219)	0.007(0.001～0.044)	

物种	繁殖期(6月)	迁徙期(10—11月)	越冬期(1月)
大拟啄木鸟 *Psilopogon virens*	0.002(0.001~0.006)	0.003(0.001~0.018)	
灰头绿啄木鸟 *Picus canus*	0.002(0~0.009)		
黄嘴栗啄木鸟 *Blythipicus pyrrhotis*	0.003(0.001~0.012)		
烟腹毛脚燕 *Delichon dasypus*	0.042(0.002~0.755)	0.037(0.01~0.135)	
白鹡鸰 *Motacilla alba*	0.089(0.027~0.295)	0.056(0.018~0.17)	0.017(0.003~0.11)
树鹨 *Anthus hodgsoni*		0.017(0.003~0.11)	
短嘴山椒鸟 *Pericrocotus brevirostris*	0.001(0~0.007)		
领雀嘴鹎 *Spizixos semitorques*	0.1(0.039~0.256)	0.604(0.157~2.318)	0.311(0.018~5.453)
黄臀鹎 *Pycnonotus xanthorrhous*		0.109(0.014~0.883)	0.333(0.051~2.192)
绿翅短脚鹎 *Ixos mcclellandii*	0.156(0.052~0.465)	0.386(0.157~0.954)	1.158(0.384~3.495)
虎纹伯劳 *Lanius tigrinus*	0.167(0.025~1.096)		
棕背伯劳 *Lanius collurioides*		0.021(0.003~0.137)	
黑卷尾 *Dicrurus macrocercus*	0.042(0.006~0.274)		
发冠卷尾 *Dicrurus hottentottus*	0.035(0.008~0.158)		
红嘴蓝鹊 *Urocissa erythrorhyncha*	0.002(0~0.013)	0.014(0.003~0.064)	0.044(0.007~0.264)
灰树鹊 *Dendrocitta formosae*	0.009(0.002~0.037)	0.022(0.005~0.102)	
小嘴乌鸦 *Corvus corone*	0.001(0~0.004)	0.002(0~0.011)	

续表

物种	繁殖期(6月)	迁徙期(10—11月)	越冬期(1月)
大嘴乌鸦 *Corvus macrorhynchos*		0.011(0.002~0.073)	0.01(0.002~0.066)
褐河乌 *Cinclus pallasii*	0.1(0.023~0.437)	0.007(0.001~0.044)	0.017(0.003~0.11)
红胁蓝尾鸲 *Tarsiger cyanurus*			0.2(0.059~0.675)
鹊鸲 *Copsychus saularis*			0.017(0.003~0.11)
蓝额红尾鸲 *Phoenicurus frontalis*			0.024(0.004~0.157)
北红尾鸲 *Phoenicurus auroreus*		0.033(0.006~0.175)	
红尾水鸲 *Rhyacornis fuliginosa*	0.087(0.029~0.259)	0.18(0.074~0.44)	0.093(0.026~0.334)
白顶溪鸲 *Chaimarrornis leucocephalus*		0.033(0.011~0.097)	0.033(0.006~0.174)
小燕尾 *Enicurus scouleri*	0.033(0.006~0.188)		0.02(0.003~0.116)
灰背燕尾 *Enicurus schistaceus*	0.131(0.043~0.396)	0.307(0.188~0.502)	0.058(0.011~0.321)
白额燕尾 *Enicurus leschenaulti*	0.017(0.003~0.091)		0.067(0.015~0.299)
紫啸鸫 *Myophonus caeruleus*	0.083(0.028~0.246)	0.05(0.014~0.175)	0.033(0.008~0.133)
方尾鹟 *Culicicapa ceylonensis*	0.003(0~0.016)		
褐胸噪鹛 *Garrulax maesi*	0.02(0.004~0.111)	0.007(0.001~0.044)	
画眉 *Garrulax canorus*	0.003(0.001~0.013)	0.017(0.005~0.055)	
白颊噪鹛 *Garrulax maesi*	0.05(0.01~0.246)	0.017(0.003~0.096)	0.111(0.019~0.66)
斑胸钩嘴鹛 *Erythrogenys gravivox*	0.008(0.001~0.055)	0.008(0.002~0.036)	

物种	繁殖期(6月)	迁徙期(10—11月)	越冬期(1月)
棕颈钩嘴鹛 *Pomatorhinus ruficollis*	0.016(0.006~0.044)		
鳞胸鹪鹛 *Pnoepyga albiventer*	0.003(0.001~0.018)		
红头穗鹛 *Cyanoderma ruficeps*	0.138(0.042~0.456)	0.25(0.046~1.35)	
红嘴相思鸟 *Leiothrix lutea*		0.433(0.076~2.488)	
红翅鵙鹛 *Pteruthius flaviscapis*	0(0~0.003)		
灰眶雀鹛 *Alcippe morrisonia*	0.209(0.068~0.641)	1.161(0.396~3.407)	0.165(0.021~1.284)
栗耳凤鹛 *Yuhina castaniceps*	0.35(0.048~2.526)	0.556(0.084~3.653)	0.2(0.03~1.315)
黑额凤鹛 *Yuhina nigrimenta*		0.732(0.251~2.132)	
灰喉鸦雀 *Sinosuthora alphonsianus*	0.044(0.004~0.546)		0.556(0.084~3.653)
栗头树莺 *Cettia castaneocoronata*		0.005(0.001~0.031)	
黄腰柳莺 *Phylloscopus proregulus*		0.083(0.013~0.548)	
黄眉柳莺 *Phylloscopus inornatus*		0.017(0.003~0.11)	
棕脸鹟莺 *Abroscopus albogularis*	0.023(0.008~0.071)	0.583(0.205~1.654)	0.333(0.041~2.708)
红头长尾山雀 *Aegithalos concinnus*	0.111(0.017~0.731)	0.444(0.075~2.643)	0.111(0.017~0.731)
黄腹山雀 *Pardaliparus venustulus*	0.028(0.008~0.096)	0.006(0.001~0.037)	
大山雀 *Parus major*	0.083(0.016~0.422)	0.182(0.076~0.436)	0.044(0.012~0.162)
山麻雀 *Passer cinnamomeus*	0.05(0.007~0.38)		

续表

物种	繁殖期(6月)	迁徙期(10—11月)	越冬期(1月)
叉尾太阳鸟 *Aethopyga christinae*		0.15(0.027~0.83)	0.083(0.013~0.548)
白腰文鸟 *Lonchura striata*	0.067(0.012~0.366)	0.1(0.017~0.586)	0.222(0.04~1.221)
斑文鸟 *Lonchura punctulata*			3.333(0.507~21.919)

备注：95%置信区间用括号表示。

5.3.2.5 珍稀濒危鸟类

通过监测，共记录到鹰雕(*Nisaetus nipalensis*)、红腹锦鸡(*Chrysolophus pictus*)、斑头鸺鹠(*Glaucidium cuculoide*)、黄腿渔鸮(*Ketupa flavipes*)、红角鸮(*Otus sunia*)、楔尾绿鸠(*Treron sphenurus*)、红头咬鹃(*Harpactes erythrocephalus*)、褐胸噪鹛(*Garrulax maesi*)、画眉(*Garrulax canorus*)、红嘴相思鸟(*Leiothrix lutea*)等10种国家二级重点保护野生动物。另外，鹰雕、斑头鸺鹠、黄腿渔鸮、红角鸮、画眉、红嘴相思鸟等6种被列入CITES附录Ⅱ；灰胸竹鸡(*Bambusicola thoracica*)、山斑鸠(*Streptopelia orientalis*)、领雀嘴鹎(*Spizixos semitorques*)等62种被列为《国家保护的有益的或者有重要经济、科学研究价值的陆生野生动物名录》。黄腿渔鸮被《中国生物多样性红色名录》列为濒危(EN)等级，鹰雕、红腹锦鸡、红头咬鹃、楔尾绿鸠和画眉等5种被其列为近危(NT)等级(表5-15)。

表5-15 赤水桫椤保护区国家重点保护和珍稀/濒危物种名录

物种	保护等级		
	国家重点保 护野生动物	CITES 附录	中国生物多样 性红色名录
隼形目			
鹰科			
鹰雕 *Nisaetus nipalensis*	二级	Ⅱ	NT
鸡形目			
雉科			
红腹锦鸡 *Chrysolophus pictus*	二级		NT

续表

物种	保护等级		
	国家重点保护野生动物	CITES附录	中国生物多样性红色名录
鸽形目			
鸠鸽科			
楔尾绿鸠 *Treron sphenurus*	二级		NT
鸮形目			
鸱鸮科			
黄腿渔鸮 *Ketupa flavipes*	二级	II	EN
斑头鸺鹠 *Glaucidium cuculoide*	二级	II	LC
红角鸮 *Otus sunia*	二级	II	LC
咬鹃目			
咬鹃科			
红头咬鹃 *Harpactes erythrocephalus*	二级		NT
雀形目			
噪鹛科			
褐胸噪鹛 *Garrulax maesi*	二级	II	LC
画眉 *Garrulax canorus*	二级	II	NT
红嘴相思鸟 *Leiothrix lutea*	二级	II	LC

（1）鹰雕

鹰雕是国家二级重点保护野生动物,体型较大(约 74 cm),腿被羽,翼甚宽,尾长而圆,具长冠羽,主要分布在印度、缅甸、中国及东南亚地区,栖息地类型主要为森林及开阔的林地。

2015 年 4 月预调查时,在保护区内葫市梁子上区域发现 1 只个体从空中飞过(见图 5-8 ⑩)。

（2）黄腿渔鸮

黄腿渔鸮是国家二级重点保护野生动物,大型棕色猛禽,体长可达 61 cm,具耳羽簇,眼呈黄色,具蓬松的白色喉斑,具有宽阔黑褐色羽干纹;除头、颈和上背外,其余各羽的两翈还具有淡褐色波状横斑;两翼黑褐色,具橙棕色横斑,飞羽和大覆羽末端棕白色。在我国主要分布在南方大部分地区,常单个栖于山区茂密森林的河溪边的乔木上。

于 2015 年 6 月 25 日和 26 日清晨，在金沙紫黄沟沟口和葫市五洞桥附近调查时，各发现 1 只黄腿渔鸮，均栖息于溪流畔的竹林之中（见图 5-8 ③）。

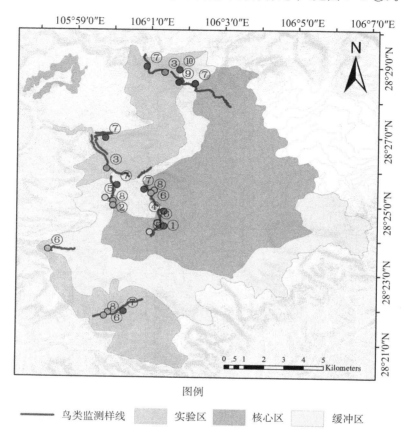

图例

━━━ 鸟类监测样线 ▨ 实验区 ▨ 核心区 ▨ 缓冲区

图 5-8 赤水桫椤保护区珍稀濒危鸟类物种分布

（①红腹锦鸡；②斑头俩鹛；③黄腿渔鸮；④红角鸮；⑤楔尾绿鸠；
⑥画眉；⑦红头穗鹛；⑧灰胸竹鸡；⑨红头咬鹃；⑩鹰雕）

（3）红角鸮

红角鸮是国家二级重点保护野生动物，是体形较小（19 cm）而褐色斑驳的角鸮。眼黄色，胸满布黑色条纹。常栖息于针阔叶混交林的林缘、林中空地及次生植丛的小矮树上。

于 2015 年迁徙期，在金沙两岔河区域调查时发现 1 只红角鸮，栖息于林缘附近（图 5-8 ④）；另外，保护区管理局金沙站于 2015 年 8 月捡获 1 只红角鸮。

（4）红头咬鹃

红头咬鹃隶为红色与橘黄色的咬鹃。雄鸟以红色的头部为特征,背部颈圈缺失,红色的胸部上具狭窄的半月形百环。属于近危(NT)物种。

于 2015 年 1 月 24 日,在葫市高洞口区域调查时发现 1 只红头咬鹃,栖息于乔木林缘(见图 5-8 ⑨)。

5.3.2.6 历史/现状对比

与 2015 年科考相比,2015 年度和 2016 年度监测中共发现 11 种保护区之前未被记录到的鸟种,分别为鹰雕、矶鹬(*Actitis hypoleucos*)、楔尾绿鸠、黄腿渔鸮、红角鸮、黄嘴栗啄木鸟(*Blythipicus pyrrhotis*)、烟腹毛脚燕(*Delichon dasypus*)、橙胸姬鹟(*Ficedula strophiata*)、方尾鹟(*Culicicapa ceylonensis*)、棕脸鹟莺(*Abroscopus albogularis*)和斑文鸟(*Lonchura punctulata*)(表 5-16 和图 5-9)。

表 5-16　赤水桫椤保护区鸟类新纪录相关信息

保护区新纪录鸟种	记录位置	数量(只)	备注
鹰雕 *Nisaetus nipalensis*	葫市梁子上	1	飞过
矶鹬 *Actitis hypoleucos*	葫市酸草沟	1	溪流觅食
楔尾绿鸠 *Treron sphenurus*	金沙紫黄沟、炭厂沟	3	鸣叫
黄腿渔鸮 *Ketupa flavipes*	金沙紫黄沟沟口和葫市五洞桥	2	溪流边竹林
红角鸮 *Otus sunia*	金沙两岔河	1	阔叶林站立
黄嘴栗啄木鸟 *Blythipicus pyrrhotis*	葫市梁子上、金沙紫黄沟、柜子岩	3	鸣叫
烟腹毛脚燕 *Delichon dasypus*	金沙硝岩坡	1	飞过
橙胸姬鹟 *Ficedula strophiata*	葫市岩头上	1	灌丛站立
方尾鹟 *Culicicapa ceylonensis*	金沙紫黄沟	1	灌丛
棕脸鹟莺 *Abroscopus albogularis*	葫市、金沙、元厚	＞ 10	灌木丛、竹林
斑文鸟 *Lonchura punctulata*	葫市幺站上	10	居民区、灌丛

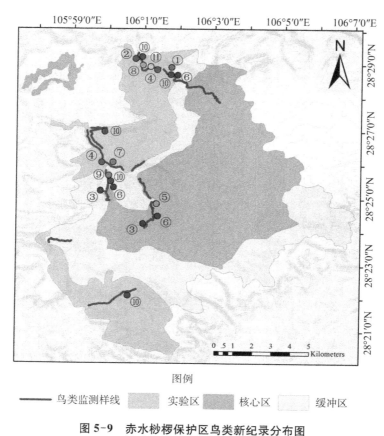

图例

——— 鸟类监测样线　　▨ 实验区　　▨ 核心区　　□ 缓冲区

图 5-9　赤水桫椤保护区鸟类新纪录分布图

（①鹰雕；②矶鹬；③楔尾绿鸠；④黄腿渔鸮；⑤红角鸮；⑥黄嘴栗啄木鸟；
⑦烟腹毛脚燕；⑧橙胸姬鹟；⑨方尾鹟；⑩棕脸鹟莺；⑪斑文鸟）

5.4　两栖爬行类多样性监测

5.4.1　监测方案

5.4.1.1　监测样线设置

在所选的 5 个监测样区内，将每个 2 km×2 km 的监测样区划分成 4 个 1 km×1 km 的小样区，采用样线法开展常态化监测。针对爬行类和两栖类，选择典型生境设置固定样线，分别在每个小样区内至少布设 1 条样线，每条 200～

500 m。典型生境包括溪流、静水等栖息地。监测区域内总共布设 40 条样线,其中,两栖类监测样线 20 条,样线总长度为 5.647 km(图 5-10);爬行类监测样线 20 条,样线总长度为 5.770 km(图 5-11)。

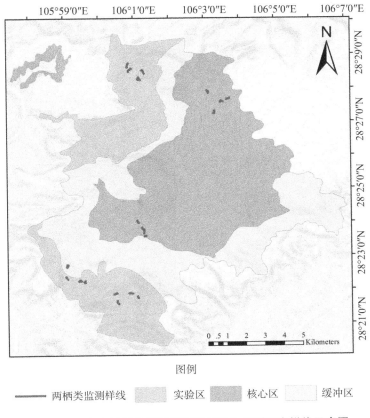

图例

—— 两栖类监测样线　　▨ 实验区　　▨ 核心区　　▢ 缓冲区

图 5-10　赤水桫椤保护区两栖类多样性监测固定样线示意图

5.4.1.2　监测方法

采用样线法对保护区内的两栖类和爬行类动物开展常态化监测。调查时间为 2015 年 8 月 9 日—13 日以及 2016 年 4 月 9 日—16 日。两栖类和爬行类动物监测时至少 2~4 人一组,1~3 人观测、报告种类和数量,另外 1 人填表和登记。另外,在正式开展监测之前,调查人员于 2015 年 4 月开展了预调查,熟悉了监测线路,了解了保护区的两栖类和爬行类的物种组成及其特点。

调查人员沿固定的样线行走,行进速度约为 1.0 km/h,记录样线两侧及前方 5 m 范围内所有见到的两栖类和爬行类动物的种类、数量及其栖息地类型。

为避免重复计数,样线后方的两栖类和爬行类动物不记录。

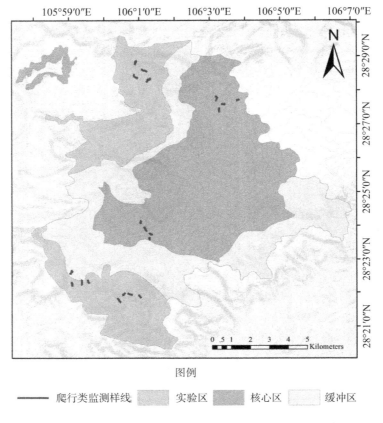

图例

————— 爬行类监测样线 ▨ 实验区 ▨ 核心区 ▨ 缓冲区

图 5-11 赤水桫椤保护区爬行类多样性监测固定样线示意图

5.4.1.3 监测指标

主要监测指标为两栖类和爬行类的物种丰富度、个体数量、种群密度、物种多样性指数、栖息地类型等。

（1）物种丰富度:通过样线法调查发现的两栖类和爬行类的物种总数。

（2）个体数量:通过样线法调查发现的每种两栖类和爬行类动物的个体数量。

（3）种群密度:单位面积两栖类和爬行类动物的个体数量。其计算公式为:

$$D_i = \frac{N_i}{L \times B}$$

式中，D_i——种群密度；

    N_i——样线内物种 i 的个数；

    L——样线长度；

    B——样线宽度。

（4）两栖类和爬行类的物种多样性指数：采用 Shannon-Wiener 指数衡量。其计算公式为：

$$H = -\sum_{i=1}^{S}(P_i)(\log_2 P_i),(i=1,2,\cdots,S)$$

式中：

    H——Shannon-Wiener 指数；

    S——两栖类或爬行类的总物种数；

    P_i——物种 i 的个体数占所有两栖类或爬行类物种个体数的比例。

5.4.2 监测结果

5.4.2.1 两栖类

（1）种类组成和区系特点

2015 年度和 2016 年度监测共记录两栖类物种 15 种，隶属于 1 目 5 科；其中，蛙科物种数最多（8 种），占两栖类总物种数的 53.33%（表 5-17）。

表 5-17 贵州赤水桫椤国家级自然保护区两栖类物种组成

目	科	物种		
		2015 年度	2016 年度	总计
无尾目	蟾蜍科	1(7.69%)	1(11.11%)	1(6.67%)
	蛙科	7(53.85%)	4(44.44%)	8(53.33%)
	叉舌蛙科	2(15.38%)	2(22.22%)	2(13.33%)
	树蛙科	1(7.69%)	0(0%)	1(6.67%)
	姬蛙科	2(15.38%)	2(22.22%)	3(20.00%)
合计		13(100%)	9(100%)	15(100%)

　　2015 年度监测共发现两栖类 5 科 13 种,2016 年度监测到两栖类 4 科 9 种,两年监测均记录到的物种数为 7 种。与 2015 年保护区科考结果相比,此次监测发现的弹琴蛙(*Nidirana adenopleura*)是保护区两栖类新纪录。监测发现的两栖类各物种的分布位置如图 5-12 和图 5-13 所示。其中,元厚区域的实验区具有较大面积的溪流等典型生境,物种分布较集中。

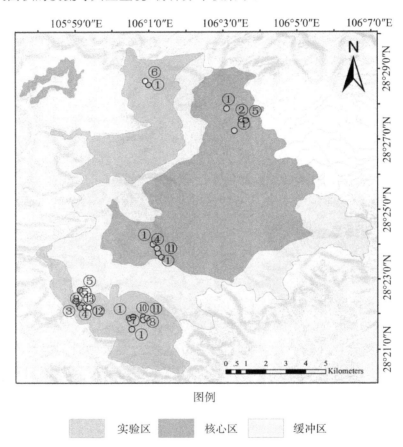

图例

实验区　　核心区　　缓冲区

图 5-12　赤水桫椤保护区 2015 年度两栖类监测物种分布图
(①中华蟾蜍;②峨眉林蛙;③黑斑侧褶蛙;④花臭蛙;⑤绿臭蛙;⑥沼蛙;⑦弹琴蛙;
⑧仙琴蛙;⑨泽陆蛙;⑩棘胸蛙;⑪峨眉树蛙;⑫小弧斑姬蛙;⑬粗皮姬蛙)

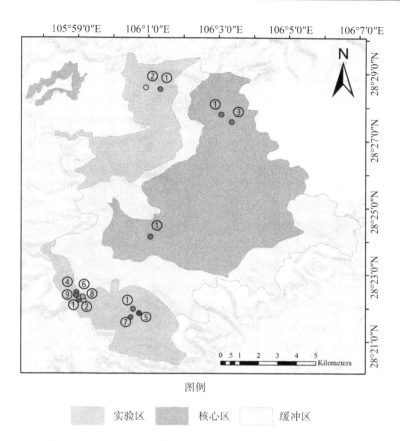

图例

实验区　　　核心区　　　缓冲区

图 5-13　赤水桫椤保护区 2016 年度两栖类监测物种分布图

（①中华蟾蜍；②黑斑侧褶蛙；③大绿臭蛙；④沼蛙；⑤弹琴蛙；⑥泽陆蛙；⑦棘胸蛙；⑧饰纹姬蛙；⑨粗皮姬蛙）

保护区内两栖类动物各科物种区系成分统计结果表明，华中华南区种最为丰富，2015 年度监测期间共记录 2 科 6 种，2016 年度监测期间共记录 2 科 7 种，分别占当年监测的两栖类总物种数的 46.15％和 77.78％（表 5-18）。

表 5-18　赤水桫椤保护区两栖类物种区系成分

区系成分	2015 年度		2016 年度	
	科	物种	科	物种
古北界东洋界广布种	2	2	2	2
华中华南区种	2	6	2	7
华中区种	1	3	0	0
华中西南区种	2	2	0	0

（2）种群密度和群落多样性

2015 年监测结果显示，保护区内中华蟾蜍（*Bufo gargarizans*）种群密度最大，种群密度为 2.3 只/ha；其次为峨眉树蛙（*Rhacophorus omeimonti*），种群密度为 1.42 只/ha（表 5-19）。2016 年监测结果显示，中华蟾蜍种群密度最大，为 1.59 只/ha；其次为黑斑侧褶蛙（*Pelophylax nigromaculatus*），种群密度为 1.24 只/ha（表 5-19）。

表 5-19　赤水桫椤保护区 2015 和 2016 年度两栖类监测物种数量及种群密度

物种	2015 年度		2016 年度	
	数量（只）	密度（只/ha）	数量（只）	密度（只/ha）
中华蟾蜍 *Bufo gargarizans*	13	2.3	9	1.59
峨眉林蛙 *Rana omeimontis*	1	0.18	—	—
黑斑侧褶蛙 *Pelophylax nigromaculatus*	2	0.35	7	1.24
花臭蛙 *Odorrana schmackeri*	4	0.71	—	—
大绿臭蛙 *Odorrana graminea*	—	—	2	0.35
绿臭蛙 *Odorrana margaretae*	5	0.88	—	—
沼蛙 *Boulengerana guentheri*	3	0.53	1	0.18
弹琴蛙 *Nidirana adenopleura*	1	0.18	2	0.35
仙琴蛙 *Nidirana daunchina*	3	0.53	—	—
泽陆蛙 *Fejervarya multistriata*	3	0.53	1	0.18
棘胸蛙 *Quasipaa spinosa*	1	0.18	1	0.18
峨眉树蛙 *Rhacophorus omeimonti*	8	1.42	—	—
小弧斑姬蛙 *Microhyla heymonsi*	3	0.53	—	—
饰纹姬蛙 *Microhyla fissipes*	—	—	1	0.18
粗皮姬蛙 *Microhyla butleri*	5	0.88	1	0.18

Shannon-Wiener 指数统计结果表明，2015 年度保护区内两栖类物种多样性指数和均匀度指数均大于 2016 年度监测结果（表 5-20）。

表 5-20　赤水桫椤保护区 2015 和 2016 年度两栖类多样性

指数	2015 年度	2016 年度
Shannon-Wiener 指数	0.996	0.770
均匀度指数	0.894	0.807

（3）珍稀濒危物种

本次监测共记录到珍稀濒危两栖类 5 种,其中,棘胸蛙（*Quasipaa spinosa*）被《中国生物多样性红色名录》列为易危（VU）等级,黑斑侧褶蛙被列为近危（NT）等级;记录中国特有种 3 种,分别为峨眉林蛙（*Rana omeimontis*）、弹琴蛙（*Nidirana adenopleura*）和仙琴蛙（*Nidirana daunchina*）

①棘胸蛙

棘胸蛙体型较肥硕,头宽大于头长,吻棱不显;鼓膜隐约可见。皮肤较粗糙,背部呈黑棕色,四肢有黑褐色横纹,腹面浅黄色,无斑或仅咽喉部有浅色云斑。背部长短疣断续排列成行,其间有小圆疣,疣上一般有黑刺,眼后方有横肤沟。指、趾端球状,趾间全蹼。常活动于林木繁茂的山溪内,白昼多隐蔽在石缝或石洞中,夜间蹲在岩石上或石块间。

本次监测过程中,在元厚木子梗区域的溪流生境中发现有棘胸蛙的分布。

②黑斑侧褶蛙

黑斑侧褶蛙皮肤粗糙,背部呈暗灰色,多肉疣,头、四肢和体侧也布满小的肉疣,疣上还有分散的小黑棘。背侧褶间有数行长短不一的肤褶,雄蛙有一对颈侧外声囊,肩上方无扁平腺体。常活动于池塘、水沟等阴凉、潮湿的生境。

本次监测过程中,在元厚木子梗区域的溪流生境中发现有黑斑侧褶蛙的分布,保护区内种群密度较低。

5.4.2.2 爬行类

（1）种类组成和区系特点

2015 和 2016 年度监测共记录爬行类物种 11 种,隶属于 2 目 3 科。其中,游蛇科物种数最多（8 种）,占总爬行类物种数的 72.73%（表 5-21）,具体分布见图 5-14 和图 5-15。

表 5-21　赤水桫椤保护区 2015 和 2016 年度爬行类监测物种组成

目	科	物种		
		2015 年度	2016 年度	总计
蜥蜴目	石龙子科	2(22.22%)	1(14.28%)	2(18.18%)
	蜥蜴科	1(11.11%)	1(14.28%)	1(9.09%)
有鳞目	游蛇科	6(66.67%)	5(71.74%)	8(72.73%)
	合计	9(100%)	7(100%)	11(100%)

其中,2015 年度监测期间共发现爬行类物种 9 种（图 5-14）,2016 年度监测

共发现爬行类 7 种(图 5-15)，两个年度监测均记录的物种数为 5 种。

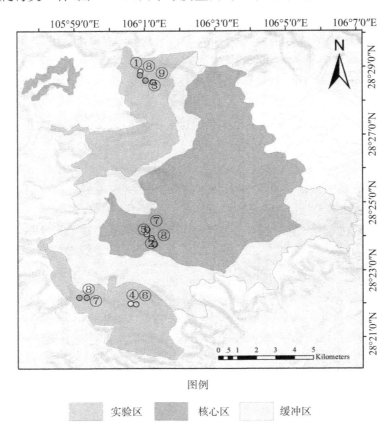

图例

实验区　　核心区　　缓冲区

图 5-14　赤水桫椤保护区 2015 年度爬行类监测记录物种分布图
(①中国石龙子；②铜蜓蜥；③北草蜥；④王锦蛇；
⑤玉斑锦蛇；⑥虎斑颈槽蛇；⑦翠青蛇；⑧乌梢蛇；⑨灰鼠蛇)

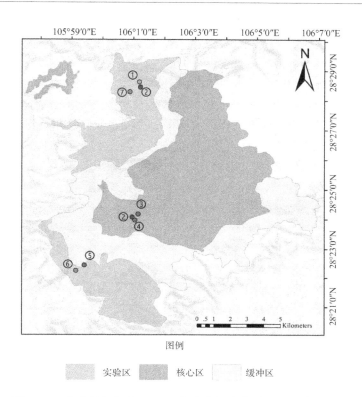

图 5-15 赤水桫椤保护区 2016 年度爬行类监测记录物种分布图
（①铜蜓蜥；②北草蜥；③灰腹绿锦蛇；④玉斑锦蛇；⑤黑眉锦蛇；⑥翠青蛇；⑦乌梢蛇）

保护区内爬行类动物各科物种区系成分统计结果表明,华中华南区种最为丰富,2015 年度监测期间共记录 2 目 2 科 6 种,2016 年度监测期间共记录 2 目 2 科 3 种,分别占当年监测的爬行类总物种数的 66.67% 和 42.86%（表 5-22）。

表 5-22 赤水桫椤保护区 2015 和 2016 年度监测爬行类区系组成

区系成分	2015 年度			2016 年度		
	目	科	物种	目	科	物种
古北界东洋界广布种	2	2	2	2	2	2
华中华南区种	2	2	6	2	2	3
华南区种	0	0	0	1	1	1
华中区种	1	1	1	1	1	1

（2）种群密度和物种多样性

2015 年监测结果显示,保护区内乌梢蛇（*Ptyas dhumnades*）种群密度最大,种群密度为 0.52 只/ha;其次为中国石龙子（*Plestiodon chinensis*）、铜蜓蜥

($Sphenomorphus\ indicus$)和翠青蛇($Ptyas\ major$),三个物种的种群密度均为0.35 只/ha(表 5-23)。2016 年监测结果显示,北草蜥($Takydromus\ septentri$-$onalis$)种群密度最大,为 0.35 只/ha(表 5-23)。

表 5-23　赤水桫椤保护区 2015 和 2016 年度爬行类监测物种数量及种群密度

物种	2015 年度		2016 年度	
	数量(只)	密度(只/ha)	数量(只)	密度(只/ha)
中国石龙子 $Plestiodon\ chinensis$	2	0.35	—	—
铜蜓蜥 $Sphenomorphus\ indicus$	2	0.35	1	0.17
北草蜥 $Takydromus\ septentrionalis$	1	0.17	2	0.35
王锦蛇 $Elaphe\ carinata$	1	0.17	—	—
灰腹绿锦蛇 $Gonyosoma\ frenatum$	—	—	1	0.17
玉斑锦蛇 $Euprepiophis\ mandarina$	1	0.17	1	0.17
黑眉锦蛇 $Elaphe\ taeniura$	—	—	1	0.17
虎斑颈槽蛇 $Rhobdophis\ tigrinus$	1	0.17	—	—
翠青蛇 $Ptyas\ major$	2	0.35	1	0.17
乌梢蛇 $Ptyas\ dhumnades$	3	0.52	1	0.17
灰鼠蛇 $Ptyas\ korros$	1	0.17	—	—

多样性指数统计结果表明,2015 年度保护区区内爬行类物种 Shannon-Wiener 指数大于 2016 年度监测结果,但 2015 年爬行类均匀度指数小于 2016 年度监测结果(表 5-24)。

表 5-24　赤水桫椤保护区 2015 和 2016 年度爬行类多样性

指数	2015 年度	2016 年度
Shannon-Wiener 指数	0.915	0.828
均匀度指数	0.959	0.980

（3）珍稀濒危物种

本次监测共记录珍稀濒危爬行动物 6 种,其中王锦蛇($Elaphe\ carinata$)和黑眉锦蛇($Elaphe\ taeniure$)被《中国生物多样性红色名录》评列为濒危(EN)等级,玉斑锦蛇($Euprepiophis\ mandarina$)、乌梢蛇($Ptyas\ dhumnades$)和灰鼠蛇($Ptyas\ korros$)被列为易危(VU)等级。另外,有中国特有种 1 种,为北草蜥($Takydromus\ septentrionalis$)。

①北草蜥

北草蜥体瘦长,尾长约为头体长的 3 倍。体背部中段起棱,有大棱鳞 6 纵行;腹部 8 纵行,纵横排列,略呈方形。头、体、尾及四肢背面均为棕绿色,腹面灰棕色或灰白色,眼后至肩部有1条浅纵纹。常活动于丘陵杂草灌丛中,也见于农田、溪边、道路等区域。

此次监测期间,在葫市五洞桥附近区域有记录。

②王锦蛇

王锦蛇体型较大,头、颈区分明显,头背部鳞沟色黑,略呈"王"字形。体背具有若干黑褐色横斑,横斑之间相距1~1.5枚鳞沟不黑的鳞片,整体呈深浅交替的横纹,但在体后段及尾背由于所有鳞沟黑而形成黑色网纹。栖息地分布较广,常活动于灌丛和农耕地附近。

此次监测期间,在元厚木子垭处的灌丛中发现有王锦蛇分布。

③黑眉锦蛇

黑眉锦蛇体型较大,无毒。头略大,呈黄绿色,与颈明显区分;瞳孔圆形,眼后有一道粗黑"眉"纹。躯尾背面也呈黄绿色,前段有黑色梯纹或断离成多个蝶形纹,体后段此纹渐无,代之以4条黑纵线,伸延至尾末。栖息环境较广,在路边、农耕地、竹林及农家附近均有分布。

此次监测期间,在葫市五洞桥附近的灌丛中发现有黑眉锦蛇分布。

④乌梢蛇

乌梢蛇体型较大,头、颈区分明显,背鳞多为16~14(16)~14,背中央2~4行起棱,体背绿褐色或黑褐色,背脊两侧有两条纵贯全身的黑线,成年个体黑纵线在体后部逐渐变为不明显。常活动于农田附近的灌丛之中。

本次调查在葫市的五洞桥、金沙的柜子岩和元厚的纸厂沟等区域的灌丛中,均发现有乌梢蛇分布,保护区内种群密度较大。

⑤玉斑锦蛇

玉斑锦蛇,头背黄色,具有明显的黑斑纹,体背灰色或紫灰色,具有一行黑色菱形大块斑,块斑中央及边缘为黄色。背鳞平滑无棱,前段多为23行以上。常活动于山区水沟边或山上草丛灌丛之中。

本次调查在金沙炭厂沟等区域的灌丛中发现有玉斑锦蛇分布,但保护区内种群密度较小。

⑥灰鼠蛇

灰鼠蛇,头及体背灰褐色,有10条暗褐色纵线纹,体腹由前段淡黄色到后端浅黄白色,背鳞多数为15~15~11行。常活动于山区丘陵地带,尤其是河谷、农田、道边、河边的草丛和灌木林下。

本次调查在葫市的梁子上等区域的灌丛中发现有灰鼠蛇分布,但保护区内种群密度较小。

第六章

主要结论与保护管理建议

6.1 主要结论

6.1.1 植物多样性

本次植物多样性监测共记录植物 94 科 181 属 262 种;其中,蕨类植物有 17 科 22 属 25 种,裸子植物有 2 科 2 属 2 种,被子植物有 75 科 157 属 235 种。保护区植物物种组成相对丰富,以被子植物为主,蕨类植物其次,裸子植物种类较少,主要发现马尾松和杉木两种。其中调查发现保护区兰科植物新纪录 1 种——西南齿唇兰(*Anoectochilus elwesii*),分布于保护区弯腰岩附近。本次调查为保护区后续的植物多样性观测及本底调查提供了一定的参考意义。

6.1.1.1 典型植物群落多样性动态变化

结合森林大样地及典型小样地统计结果,本次监测共记录植物 86 科 153 属 218 种;其中,蕨类植物有 14 科 16 属 20 种,裸子植物有 2 科 2 属 2 种,被子植物有 70 科 135 属 196 种。蕨类植物、桫椤等主要分布于低海拔的沟谷溪流附近,裸子植物马尾松和杉木主要分布于山坡较高海拔区域,山腰以成片毛竹林形成过渡区域。

对金沙样地常绿阔叶林群落和元厚样地常绿阔叶林群落的外貌和垂直结构的分析发现,两个群落在外貌上有明显区别,金沙样地群落的外貌都表现为浅绿色,其中夹杂着一些叶色较浅的乔木树种形成的深绿色斑块,树冠形状不规则;群落外貌的季相变化不显著。元厚样地群落的外貌都表现为深绿色,其中夹杂着一些叶色变化较大的乔木树种形成的浅黄色斑块,树冠形状规则;群落外貌的季相变化局部显著。

　　两个群落从外貌上可以区分,主要与两个样地群落中的建群种有关,金沙样地群落以芭蕉为主,元厚样地群落以赤杨叶、米槠、臀果木、亮叶桦、杉木等为主。金沙群落中按照重要值的大小选出的6个主要优势种分别是芭蕉、粗糠柴、粗叶木、川钓樟、罗伞、红果黄肉楠,元厚群落中排名前6的主要优势种依次为赤杨叶、杉木、亮叶桦、细枝柃、米槠、毛桐。金沙群落中的优势乔木树种除芭蕉外,种群幼树储备丰富,有利于种群的更新壮大。元厚群落中,米槠种群是个例外,其种群的幼树到成树经历死亡高峰,种群产生大量死亡高峰原因可能是遭遇针对性病虫害,或受到人为针对性砍伐,建议对此物种进行针对性调查,避免因该种群大量死亡而产生森林生态稳态风险。其他物种种群幼树相对储备充足,种群大小有继续增大的态势。

　　典型小样地作为对保护区植被类型监测的补充,具有重要意义。毛竹林群落结构单一,生长良好,部分区域大量进入阔叶林;杪椤、芭蕉、罗伞等为南亚热带季雨林中的林下层重要组成部分,对维持杪椤生境具有重要意义;竹叶榕灌丛受环境影响较大;枫香、四川大头茶林为一类常绿阔叶林遭到干扰或破坏之后形成的次生林,对群落演替具有重要意义;马尾松林作为一种先锋植物群落,随着演替的推移,此群落可能被阔叶林群落替代;亮叶桦常常是自然生境破坏之后迅速生长起来,随后逐渐被常绿落叶阔叶林取代,因此群落处于演替末期过渡阶段;栲树林,适应性较强,种类十分丰富,结构复杂。

　　调查发现保护区内植物物种多样性受到群落类型影响而具有较大差异,其中以位于沟谷的具有南亚热带植物片区的群落植物多样性最高,其次为山坡中亚热带常绿阔叶林群落,毛竹林和马尾松林物种组成最为单一,群落植物多样性最低,物种丰富度最小。在沟谷与山坡过渡区域均为成片的竹林,在当地作为经济作物快速繁殖,抑制了其他珍稀植物如杪椤等的生长,严重影响群落中植物物种多样性。在此区域须严格控制和管理,防止植物多样性继续减小,并蔓延至其他区域。

　　保护区物种丰富,植物多样性高,群落类型多样,特征明显,各群落物种组成随环境因子发生适宜性变化。其中海拔是影响群落分布的主要因素,在较低海拔的沟谷区域形成以芭蕉为代表的含热带成分层片,是杪椤种群的主要生境,该区群落优势种突出,物种组成和群落结构单一,群落稳定性低,易受人活动干扰破坏。根据本研究,建议对保护区不同的群落类型采取不同的保护对策,以保护杪椤生境等易受人为干扰的群落为主,着重保护,协同治理,同时适当调整旅游开发区域,限制人类活动对杪椤群落生境的破坏作用,保护林区生物多样性的同时,促进杪椤种群稳态增长。

6.1.1.2 重要物种动态变化

桫椤群落的物种组成丰富，其伴生维管植物共有60科90属122种，其中蕨类植物有12科13属17种，种子植物有48科82属105种。通过三年连续监测，统计到的桫椤个体数由2015年的150株，至2016年的193株，再到2017年的235株，逐年递增。其中第一年度以中壮桫椤个体数量增加为主，第二年度以幼苗阶段个体数量增加为主，说明桫椤在2016—2017年度中孢子萌发率极大提高，同时成年阶段个体胸径稳定增大，但与前两年相比成年个体数量变化不大。较多数的幼苗在通过一个选择强度较高的环境筛选之后，以高死亡率为代价，得以发育成小幼株，进而进入营养生长阶段并稳定生长，完成整个生活史。

调查样地内毛竹数量较多，桫椤生长健康，是群落优势种。在生活型谱中，表现为高位芽占比最多，其中以小、矮高位芽植物为优势；地下芽占比逐年减小，此类型植物多为蕨类植物，孢子萌发受环境因子影响较大；而一年生植物占比增多，因其可以通过种子度过不良季节，有较高的抗逆性，受环境影响较小。该生活型谱基本反映出赤水桫椤群落生活型谱以乔木层优势种为主、林下灌草层物种组成丰富的特点。通过绘制桫椤种群静态生命表，得出桫椤种群的期望寿命随着龄级的增加而减小，在成年阶段表现出很高的寿命期望；桫椤种群整体具有前期薄弱、中期稳定、后期衰退的特点。

调查样地中小黄花茶分布较为狭窄且数量稀少，茎增粗生长过程较为缓慢，多以灌木层存在，种群幼苗库丰富度一般，这可能是由于种子被鼠类采食及种子萌发率较低等造成的，将为群落的天然更新带来一定困难。2～3 m高度幼树数量居多，表明小黄花茶从幼苗到幼树的发育机制健全，但是3～4 m高度幼苗数量陡然下降，并且三年来保持一致，说明幼苗由2～3 m高度生长成为3～4 m高度具有一定困难，且在此过程中具有高淘汰率，这可能是由于在此阶段受到其他物种竞争压力较大的原因。此外，毛竹、慈竹对小黄花茶种群有重要影响。

6.1.1.3 人类活动对桫椤种群影响

赤水桫椤保护区内生态旅游的发展，推动了公众认识和参与保护区宣传工作，也对地方旅游的发展起到了良好的促进作用；保护区内竹林的人工抚育，不仅促进了竹类加工和制作等相关产业的发展，带动了地方经济，改善了当地居民生活水平，而且对促进当地经济发展和社会稳定起到重要意义，但也给保护区内的桫椤生境及生长带来潜在的威胁。

针对旅游设施的开发和旅游事业的发展，保护区起到了良好的监督管理工作。但是,生态旅游导致部分桫椤群落物种单一,群落层次消失,生态稳定性愈加脆弱;加上部分区域人为活动频繁,可能对桫椤孢子萌发及幼苗生长起到一定影响,进而影响桫椤种群的更新与稳定。

竹林的人工抚育和毛竹、慈竹自身的快速繁殖,对桫椤群落的物种丰富度和原生环境的变化产生严重影响,2017 年人工砍伐毛竹结果表明,对桫椤群落毛竹进行人工干预清除,对提高桫椤群落物种多样性有显著作用。同时,在毛竹干扰严重的区域,群落的郁闭度较高,桫椤孢子萌发的光环境较差,从而间接影响桫椤种群生长。

6.1.2　动物多样性

6.1.2.1　哺乳类多样性

经过两个年度的持续监测,记录到的哺乳类最多的为食肉目,共计 6 种,分别是黄腹鼬、黄鼬、鼬獾、小灵猫、果子狸和斑林狸;偶蹄目次之,共计 4 种,分别为野猪、毛冠鹿、小麂和中华鬣羚;由于监测手段的特点,啮齿目动物中体型较小的物种不易于被拍摄和识别,故监测到的物种个体都较大,也因此种类较少,共计 3 种,分别为赤腹松鼠、隐纹花松鼠和豪猪;灵长目最少,仅藏酋猴 1 种。

在所有监测到的哺乳类中,小灵猫为国家一级重点保护野生动物,藏酋猴、斑林狸、毛冠鹿和中华鬣羚属于国家二级重点保护野生动物;藏酋猴、斑林狸和中华鬣羚被《中国生物多样性红色名录》评定为易危(VU)等级,黄腹鼬、鼬獾、果子狸、小灵猫、毛冠鹿和小麂被评定为近危(NT)等级。中国特有种有 2 种,分别为藏酋猴和小麂。

对比两个年度的监测结果,2016 年度共计监测到可识别哺乳类 14 种,比2015 年度的 9 种多出 5 种,它们分别是黄腹鼬、小灵猫、斑林狸、中华鬣羚、隐纹花松鼠,除中华鬣羚外其余 4 种为中小型哺乳类,监测到的区域主要为实验区和缓冲区的①、②和③监测样区。可能因为 2016 年度监测的时长总计 643 d,比2015 年度的 576 d 多了 67 d。这表明,随着拍摄时长的增加,监测到的物种数也随之增长,伴随时长的继续增加,种数的增长会趋于平缓直至接近本地区实际分布的数量。这也说明,提高相机的工作时长对能够更有效及全面地监测保护区内大中型哺乳类十分重要。

此次兽类监测记录到物种数 9 种,与 2015 年保护区科考名录相比,部分大中型兽类未被监测记录,尤其是林麝(*Moschus berezovskii*)、黑熊(*Ursus thibetanus*)、大灵猫(*Viverra zibetha*)等珍稀/濒危物种。保护区管理局在本次生物多样性监测项目执行之前,曾利用红外相机技术拍摄到黑熊活动。因此,针对保护区潜在分布的珍稀/濒危物种,在后期监测中可适当调整相机布设位点,选取适宜生境开展监测。

6.1.2.2 鸟类多样性

经过四次的样线监测(包括预调查),保护区共记录鸟类 73 种,隶属于 11 目 36 科。所记录鸟类中,物种数以雀形目最多,共计 54 种,占总物种数的 73.97%;鸡形目、鸽形目、鹃形目和啄木鸟目各有 3 种,鹃形目有 2 种,鹳形目、隼形目、鸮形目、咬鹃目和佛法僧目各仅有 1 种。

繁殖期调查记录的鸟类物种数最多,为 8 目 30 科 46 种,占总物种数的 63.01%;迁徙期记录物种有 5 目 22 科 42 种,占总物种数的 57.53%;越冬期记录物种数最少,为 3 目 17 科 30 种,占总物种数的 41.10%。记录到的鸟类以留鸟为主,共计 56 种,占总物种数的 76.71%,夏候鸟有 9 种,冬候鸟有 5 种,旅鸟有 3 种。

四次调查共发现鹰雕、红腹锦鸡、楔尾绿鸠、黄腿渔鸮、斑头鸺鹠、红角鸮、红头咬鹃、褐胸噪鹛、画眉、红嘴相思鸟等 10 种国家二级重点保护野生动物;被列入 CITES 附录Ⅱ的有鹰雕、画眉和红嘴相思鸟等 7 种;被列入国家"三有"保护动物的有灰胸竹鸡、山斑鸠和领雀嘴鹎等 62 种;被《中国生物多样性红色名录》列为濒危(EN)等级的有黄腿渔鸮 1 种,被列为近危(NT)等级的有鹰雕、楔尾绿鸠和画眉等 5 种。监测结果显示保护区内栖息着较多的国家重点保护鸟类以及珍稀濒危鸟类,说明保护区生态环境较好,食源物种丰富,适合鸟类觅食、栖息、繁衍。

对于不同生境类型的鸟类多样性,竹林生境容纳的鸟类物种在繁殖期和越冬期最高;灌丛生境在迁徙期容纳的物种最高;居民区生境在全年的鸟类物种多样性都较低。由此可见,区内竹林生境和灌丛生境等都是鸟类的适宜生境,相对而言居民区由于人类干扰较大,对多数鸟类而言不适宜,故鸟类物种多样性较低。

6.1.2.3 两栖爬行类多样性

2015 和 2016 年度两次监测共记录两栖类物种 15 种,隶属于 1 目 5 科;其中,蛙科物种数最多(8 种),占总两栖类物种数的 53.33%。2015 年度监测共发现两栖类物种 5 科 13 种,2016 年度监测共发现两栖类 4 科 9 种,两年监测均记录的物种数为 7 种。

2015 和 2016 年度两次监测共记录爬行类物种 11 种,隶属于 2 目 3 科;其中,游蛇科物种数最多(8 种),占总爬行类物种数的 72.73%。2015 年度监测共发现爬行类物种 9 种，2016 年度监测共发现爬行类 7 种，两年监测均记录的物种数为 5 种。

6.1.2.4　动物多样性威胁因素

（1）水电站建设对陆生脊椎动物的影响

保护区内建设有小型水电站，水电站在蓄水、拦洪、生产清洁能源等方面发挥着重要作用。水电站蓄水拦洪的同时，也改变了原有的水流格局。水电站截断了上下游河流的沟通，使得丰水期电站上游河流水位抬高较多，水深增加，枯水期下游河流来水减少，水位下降，水深渐浅。

上游的水位抬高，水深增加，淹没了河流两岸原有的植被，使得原本依赖浅水溪流进行栖息繁殖活动的两栖动物可以利用的生境相应减少，繁殖活动受到影响。水深的增加也导致原本可以轻松横渡溪流的大中型动物行动受限，影响其在保护区内的迁徙活动，造成了小范围内的地理隔离，影响种群之间的基因交流。部分兽类偶以浅水溪流内的水生动物为食，部分鸟类喜栖有岩石露头的山间溪流中，水位的大幅度上升影响了部分兽类的补充性觅食，也使得部分鸟类的栖息地面积相应减少，影响其栖息觅食。下游河流在枯水季节的来水减少，水位下降，水深渐浅，部分浅水区会干涸，对依赖小型浅水域产卵繁殖的两栖动物有一定影响，使其可选繁殖生境减少。

（2）生态旅游活动对陆生脊椎动物的影响

保护区管理局依托保护区独特的自然生态景观建立中国侏罗纪公园，在保护区实验区内开展了适度的生态旅游活动。生态旅游活动导致进入实验区的人数呈现上升趋势，势必会对陆生脊椎动物的栖息和觅食带来扰动。某些警觉性较高的动物，如鹿科、灵猫科、雉科动物对环境的非人类干扰要求较高，一般远离人类进行活动，而生态旅游在一定区域内增加了人类干扰的频次和程度，事实上缩小了这类动物在保护区内的活动范围，影响其觅食、繁殖活动，对极小种群动物的种群大小有一定影响。

6.2　保护管理建议

针对保护区的生态环境现状，为保护珍稀濒危动植物，维持保护区的生物多样性，建议采取如下措施：

（1）继续加强对保护区现有生态环境的保护

强化对适宜桫椤及其他珍稀濒危物种生存环境的保护，使珍稀濒危物种能够正常生长、发育和繁衍。保护区管理机构可针对性地划出重点保护区，消除人为活动的干扰。保护区管理机构应建立合理的砍伐制度，在保护区核心区严禁砍伐任何树木，在缓冲区严禁毁林开荒，在试验区加强管理，有计划地实施砍伐。

（2）持续开展对生态环境和珍稀物种的科研和监测

保护区主管部门和管理机构应加大资金的投入，配备科研设施和仪器设备，加强人才的培训和引进工作。调查珍稀物种的种群数量、年龄结构、分布状况及生境条件等，为珍稀物种的保护和管理提供科学依据。同时，开展广泛的合作与交流，为保护、管理和可持续开发利用提供技术支持。

（3）转变发展理念和方式，严控开发建设活动

保护区管理机构应严格控制保护区内的开发建设活动力度、范围、规模，严格按照相关法律法规，积极探索资源可持续开发利用的途径。保护区管理机构应加强学习新思想新理念，转变发展方式，实行绿色发展。保护区可制定生态旅游规划，在符合保护目标的前提下适度发展生态旅游业，如此，既可壮大自然保护区经济实力，增强可持续发展能力，又能带动周边社区共同发展，转变对自然资源的消耗式利用。

（4）严格执行管理措施，加大监督执法力度

保护区管理机构应进一步落实相关的监管职责和工作，狠抓乱砍滥伐和偷猎盗采的行为，加大执法检查的频次力度，对违法者应及时依法予以处理。

（5）强化环保和法律宣传，开展社区共建活动

保护区管理机构应加强对保护区周边居民和进入保护区的游客进行保护环境的宣传教育，普及相关科学知识及法律知识，增强人们的环保意识和守法自觉，切实做到对野生动植物和生态环境的爱护。保护区上级主管部门和管理机构应联合当地政府和群众，充分调动其保护的积极性，共同制定社区共管目标和规划，开展有利于带动周边社区共同发展的绿色产业，建立自然保护区和社区之间新型的和谐依存关系。

参考文献

［1］程治英,陶国达,许再富. 桫椤濒危原因的探讨［J］. 云南植物研究,1990
　　(2):186-190.

［2］党海山,张燕君,张克荣,等. 秦岭巴山冷杉(Abies fargesii)种群结构与动
　　态［J］. 生态学杂志,2009,28(8):1456-1461.

［3］中国野生动物保护协会. 中国两栖动物图鉴［M］. 郑州:河南科学技术出版
　　社,1999.

［4］国家林业和草原局. 有重要生态、科学、社会价值的陆生野生动物名录［Z］.
　　2023-06-26.

［5］国家林业和草原局,农业农村部. 国家重点保护野生动物名录［Z］. 2021-02
　　-01.

［6］国家林业和草原局,农业农村部. 国家重点保护野生植物名录［Z］. 2021-09-07.

［7］冯金朝,袁飞,徐刚. 贵州雷公山自然保护区秃杉天然种群生命表［J］. 生态
　　学杂志,2009,28(7):1234-1238.

［8］生态环境部,中国科学院. 中国生物多样性红色名录——脊椎动物卷
　　(2020)［Z］. 2023-05-18.

［9］生态环境部,中国科学院. 中国生物多样性红色名录——高等植物卷
　　(2020)［Z］. 2023-05-18.

［10］刘清炳,刘邦友,梁盛. 小黄花茶濒危原因及对策探讨［J］. 贵州环保科技,
　　2005(3):18-20.

［11］刘守江,苏智先,张璟霞,等. 陆地植物群落生活型研究进展［J］. 四川师范
　　学院学报(自然科学版),2003(2):155-159.

［12］孙儒泳. 生活史对策［J］. 生物学通报,1997,32(5):2-4.

［13］王应祥. 中国哺乳动物种和亚种分类名录与分布大全［M］. 北京:中国林业
　　出版社,2003.

［14］杨持. 生态学［M］. 2版. 北京:高等教育出版社,2008.

［15］张华雨,宗秀虹,王鑫,等. 濒危植物小黄花茶种群结构和生存群落特征研
　　究［J］. 植物科学学报,2016,34(4):539-546.

［16］张荣祖.中国动物地理［M］.北京：科学出版社,1999.

［17］张荣祖.中国动物地理［M］.北京：科学出版社,2011.

［18］赵尔宓,赵肯堂,周开亚,等.中国动物志 爬行纲 第二卷 有鳞目 蜥蜴亚目［M］.北京：科学出版社,1999.

［19］赵尔宓,黄美华,宗愉,等.中国动物志 爬行纲 第三卷 有鳞目 蛇亚目［M］.北京：科学出版社,1998.

［20］郑光美.中国鸟类分类与分布名录［M］.3 版.北京：科学出版社,2017.

［21］宗秀虹,张华雨,王鑫,等.赤水桫椤国家级自然保护区桫椤群落特征及物种多样性研究［J］.西北植物学报,2016,36(6)：1225-1232.

［22］Bibby J，Burgess N D，Hill D A，et al. Bird Census Techniques［M］. Cambridge：Academic Press,1992.

［23］Thomas L，Buckland S T，Rexstad E A. Distance software：design and analysis of distance sampling surveys for estimating population size［J］. The Journal of Applied Ecology,2010，47(1)：5-14.

附 录

附录一 贵州赤水桫椤国家级自然保护区生物多样性监测（一期）——植物名录

蕨类植物 Pteridophyta

序号	科名	属名	中文名	拉丁名
1	卷柏科	卷柏属	江南卷柏	*Selaginella moellendorffii* Hieron.
2			翠云草	*Selaginella uncinata*（Desv.）Spring
3	木贼科	木贼属	问荆	*Equisetum arvense* Linn.
4	观音座莲科	观音座莲属	福建观音座莲	*Angiopteris fokiensis* Hieron.
5	紫萁科	紫萁属	华南紫萁	*Osmunda vachellii* Hook.
6	里白科	芒萁属	芒萁	*Dicranopteris pedata*（Houtt.）Nakaike
7		里白属	里白	*Diplopterygium glaucum*（Thunb. ex Houtt.）Nakai
8	海金沙科	海金沙属	海金沙	*Lygodium japonicum*（Thunb.）Sw.
9	桫椤科	桫椤属	桫椤	*Alsophila spinulosa*（Wall. ex Hook.）R. M. Tryon
10	姬蕨科	碗蕨属	碗蕨	*Dennstaedtia scabra*（Wall. ex Hook.）T. Moore
11	鳞始蕨科	乌蕨属	乌蕨	*Odontosoria chinensis* J. Sm.
12	蕨科	蕨属	蕨	*Pteridium aquilinum* var. *latiusculum*（Desv.）Underw. ex Heller
13	铁线蕨科	铁线蕨属	铁线蕨	*Adiantum capillus*-veneris（L.）Hook.
14	蹄盖蕨科	亮毛蕨属	亮毛蕨	*Acystopteris japonica*（Luerss.）Nakai
15		短肠蕨属	短肠蕨	*Allantodia cavaleriana*（H. Christ）Ching
16			卵果短肠蕨	*Allantodia ovata* W. M. Chu
17	金星蕨科	毛蕨属	干旱毛蕨	*Cyclosorus aridus*（D. Don）Tagawa
18			渐尖毛蕨	*Cyclosorus acuminatus*（Houtt.）Nakai

续表

序号	科名	属名	中文名	拉丁名
19	乌毛蕨科	乌毛蕨属	乌毛蕨	*Blechnum orientale* L.
20		狗脊属	狗脊	*Woodwardia japonica*（Linn. f.）Sm.
21	鳞毛蕨科	贯众属	贯众	*Cyrtomium fortunei* J. Sm.
22		鳞毛蕨属	红盖鳞毛蕨	*Dryopteris erythrosora*（Eaton）O. Kuntze
23	实蕨科	实蕨属	长叶实蕨	*Bolbitis heteroclita*（Presl）Ching
24	水龙骨科	盾蕨属	盾蕨	*Neolepisorus ovatus*（Bedd.）Ching
25		水龙骨属	水龙骨	*Polypodiodes niponica*（Mett.）Ching

种子植物　Spermatophyta

序号	科名	属名	中文名	拉丁名
			裸子植物门 Gymnospermae	
1	松科	松属	马尾松	*Pinus massoniana* Lamb.
2	杉科	杉木属	杉木	*Cunninghamia lanceolata*（Lamb.）Hook.
			被子植物门 Angiospermae	
			双子叶植物纲 Dicotyledoneae	
1	番荔枝科	野独活属	中华野独活	*Miliusa sinensis* Finet et Gagnep.
2		黄肉楠属	红果黄肉楠	*Actinodaphne cupularis*（Hemsl.）Gamble
3		琼楠属	贵州琼楠	*Beilschmiedia kweichowensis* Cheng
4		樟属	樟	*Cinnamomum camphora*（L）Presl.
5			川桂	*Cinnamomum wilsonii* Gamble
6		厚壳桂属	岩生厚壳桂	*Cryptocarya calcicola* H. W. Li
7	樟科	山胡椒属	川钓樟	*Lindera pulcherrima* Benth. var. *hemsleyana*（Diels）H. P. Tsui
8			山胡椒	*Lindera glauca*（Sieb. et Zucc.）Bl.
9		木姜子属	毛叶木姜子	*Litsea mollis* Hemsl.
10			木姜子	*Litsea pungens* Hemsl.
11			绒叶木姜子	*Litsea wilsonii* Gamble
12		润楠属	润楠	*Machilus pingii* Cheng ex Yang
13			薄叶润楠	*Machilus leptophylla* Hand.-Mazz.

续表

序号	科名	属名	中文名	拉丁名
14	樟科	楠木属	白楠	*Phoebe neurantha*（Hemsl.）Gamble
15			楠木	*Phoebe zhennan* S. Lee et F. N. Wei
16			峨眉楠	*Phoebe sheareri*（Hemsl.）Gamble var. *omeiensis*（Yang）N. Chao
17			光枝楠	*Phoebe neuranthoides* S. Lee et F. N. Wei
18	金粟兰科	金粟兰属	及己	*Chloranthus serratus*（Thunb.）Roem. et Schult.
19	三白草科	蕺菜属	蕺菜	*Houttuynia cordata* Thunb.
20	毛茛科	铁线莲属	锈毛铁线莲	*Clematis leschenaultiana* DC.
21	小檗科	十大功劳属	十大功劳	*Mahonia fortunei*（Lindl.）Fedde var. *szechuanica* Abrendt
22	木通科	木通属	白木通	*Akebia trifoliate*（Thunb.）Koidz. var. *australis*（Diels）Rehd.
23	防己科	防己属	风龙	*Sinomenium acutum*（Thumb.）Rehd. et Wils.
24		千金藤属	金线吊乌龟	*Stephania cepharantha* Hayata
25	金缕梅科	枫香属	枫香树	*Liquidambar formosana* Hance
26	杜仲科	杜仲属	杜仲	*Eucommia ulmoides* Oliv.
27	榆科	山黄麻属	山黄麻	*Trema orientalis*（L.）Bl.
28	大麻科	葎草属	葎草	*Humulus scandens*（Lour.）Merr.
29	桑科	构树属	构树	*Broussonetia papyrifera*（L.）L. ex Vent.
30			藤构	*Broussonetia kaempferi* Sieb. et Zucc. var. *australis* Suzuki.
31		榕属	竹叶榕	*Ficus stenophylla* Hemsl.
32			糙叶榕	*Ficus irisana* Elmer
33			苹果榕	*Ficus oligodon* Miquel
34			菱叶冠毛榕	*Ficus gasparriniana* var. *laceratifolia* Corner
35			石榕树	*Ficus abelii* Miq.
36			细叶榕	*Ficus microcarpa* Linn
37			异叶榕	*Ficus heteromorpha* Hemsl.
38			黄毛榕	*Ficus esquiroliana* Lévl.
39			小果榕	*Ficus gasparriniana* Miq. var. *viridescens*（Lévl. et Vant.）Corner
40			地果	*Ficus tikoua* Bur.

续表

序号	科名	属名	中文名	拉丁名
41	荨麻科	苎麻属	苎麻	*Boehmeria nivea*（L.）Gaud.
42			细野麻	*Boehmeria gracilis* C. H. Wright
43		水麻属	长叶水麻	*Debregeasia longifolia*（Burm. F.）Wedd.
44			水麻	*Debregeasia orientalis* C. J. Chen
45		楼梯草属	楼梯草	*Elatostema involucratum* Fr. et Sav.
46		糯米团属	糯米团	*Gonostegia hirta*（Bl.）Miq.
47		赤车属	赤车	*Pellionia radicans*（Sieb. et Zucc.）Wedd.
48		冷水花属	冷水花	*Pilea notata* C. H. Wright
49			石筋草	*Pilea plataniflora* C. H. Wright
50			透茎冷水花	*Pilea*（L.）A. Gray var. *pumila*
51			疣果冷水花	*Pilea verrucosa* Hand.-Mazz. subsp. *verrucosa*
52		雾水葛属	雾水葛	*Pouzolzia zeylanica*（L.）Benn.
53			红雾水葛	*Pouzolzia sanguinea*（Bl.）Merr.
54	胡桃科	黄杞属	黄杞	*Engelhardia roxburghiana* Wall.
55		胡桃属	胡桃	*Juglans regia* L.
56		枫杨属	枫杨	*Pterocarya stenoptera* C. DC.
57	杨梅科	杨梅属	杨梅	*Myrica rubra*（Lour.）Sieb. et Zucc.
58	壳斗科	栗属	板栗	*Castanea mollissima* Bl.
59		锥属	栲	*Castanopsis fargesii* Franch.
60			甜槠	*Castanopsis eyrei*（Champ.）Tutch.
61			短刺米槠	*Castanopsis carlexii* var. *spinulosa* Cheng et C. S. Chao
62		青冈属	青冈	*Cyclobalanopsis glauca*（Thunb.）Oerst.
63		栎属	白栎	*Quercus fabri* Hance
64			麻栎	*Quercus acutissima* Carruth.
65	桦木科	桤木属	桤木	*Alnus cremastogyne* Burk.
66		桦木属	亮叶桦	*Betula luminifera* H. Winkl.
67			糙皮桦	*Betula utilis* D. Don
68		鹅耳枥属	云贵鹅耳枥	*Carpinus pubescens* Burk.

序号	科名	属名	中文名	拉丁名
69	蓼科	蓼属	头花蓼	*Polygonum capitatum* Buch.-Ham ex D. Don
70			水蓼	*Polygonum hydropiper* L.
71			头花蓼	*Polygonum capitatum* Buch.-Ham. ex D. Don
72			红蓼	*Polygonum orientale* L.
73			火炭母	*Polygonum chinense* L.
74			蚕茧草	*Polygonum japonicum* Meisn.
75			杠板归	*Polygonum perfoliatum* L.
76	山茶科	山茶属	贵州连蕊茶	*Camellia costei* Lévl.
77			山茶	*Camellia japonica* L.
78			小黄花茶	*Camellia luteoflora* Li ex Chang
79			油茶	*Camellia oleifera* Abel.
80			茶	*Camellia sinensis* (L.)O. Ktze.
81		柃木属	钝叶柃	*Eurya obtusifolia* H. T. Chang
82			贵州毛柃	*Eurya kueichowensis* Hu et L. K. Ling
83			川黔尖叶柃	*Eurya acuminoides* Hu et L. K. Ling
84			细齿叶柃	*Eurya nitida* Korthals
85			窄叶柃	*Eurya stenophylla* Merr.
86		大头茶属	黄药大头茶	*Gordonia chrysandra* Cowan
87			四川大头茶	*Gordonia acuminata* Chang
88			广西大头茶	*Gordonia kwangsiensis* Chang
89		木荷属	木荷	*Schima superba* Gardn. et Champ.
90	猕猴桃科	水东哥属	山地水东哥	*Saurauia napaulensis* var. *montana* C. F. Liang et Y. S. Wang
91	杜英科	猴欢喜属	薄果猴欢喜	*Sloanea leptocarpa* Diels
92			猴欢喜	*Sloanea sinensis* (Hance) Hemsl.
93	梧桐科	梧桐属	梧桐	*Firmiana simplex* (L.) F. W. Wight
94	大风子科	脚骨脆属	脚骨脆	*Casearia balansae* Gagn.
95	葫芦科	绞股蓝属	绞股蓝	*Gynostemma pentaphyllum* (Thunb.) Makino
96	秋海棠科	秋海棠属	秋海棠	*Begonia grandis* subsp. *grandis* Dry.
97			掌裂叶秋海棠	*Begonia pedatifida* Lévl.
98			中华秋海棠	*Begonia sinensis* A. DC.

续表

序号	科名	属名	中文名	拉丁名
99	杜鹃花科	杜鹃属	杜鹃	*Rhododendron simsii* Planch.
100			腺萼马银花	*Rhododendron bechii* Lévl
101			粗脉杜鹃	*Rhododendron coeloneurum* Diels
102			长蕊杜鹃	*Rhododendron stamineum* Franch. var. *stamineum*
103			溪畔杜鹃	*Rhododendron rivulare* Hand. -Mazz
104	柿树科	柿属	柿	*Diospyros kaki* Thunb.
105			乌柿	*Diospyros cathayensis* Steward
106			罗浮柿	*Diospyros morrisiana* Hance
107	安息香科	赤杨叶属	赤杨叶	*Alniphyllum fortunei*（Hemsl.）Makino
108		陀螺果属	陀螺果	*Melliodendron xylocarpum* Hand. -Mazz.
109		木瓜红属	木瓜红	*Rehderodendron macrocarpum* Hu
110	山矾科	山矾属	山矾	*Symplocos sumuntia* Buch. -Ham. ex D. Don
111			老鼠矢	*Symplocos stellaris* Brand
112			黄牛奶树	*Symplocos laurina* Wall.
113			总状山矾	*Symplocos botryantha* Franch.
114			光叶山矾	*Symplocos lancifolia* Sieb. et Zucc.
115	紫金牛科	紫金牛属	百两金	*Ardisia crispa*（Thunb.）DC.
116		杜茎山属	杜茎山	*Maesa japonica*（Thunb.）Mor. ex Zoll
117			金珠柳	*Maesa montana* A. DC.
118	报春花科	珍珠菜属	临时救	*Lysimachia congestiflora* Hemsl.
119			过路黄	*Lysimachia christinae* Hance
120			落地梅	*Lysimachia paridiformis* Franch.
121	海桐花科	海桐花属	崖花子	*Pittosporum truncatum* Pritz.
122	虎耳草科	常山属	常山	*Dichroa febrifuga* Lour.
123		绣球属	蜡莲绣球	*Hydrangea strigosa* Rehd.
124			挂苦绣球	*Hydrangea xanthoneura* Diels
125		鼠刺属	矩叶鼠刺	*Itea oblonga* Hand. -Mazz.

序号	科名	属名	中文名	拉丁名
126	蔷薇科	龙芽草属	龙芽草	*Agrimonia pilosa* Ledeb.
127		樱属	尾叶樱桃	*Cerasus dielsiana* (Schneid.) Yu et Li
128		枇杷属	大花枇杷	*Eriobotrya cavalerie*i (H. Lévl.) Rehd.
129		石楠属	石楠	*Photinia serrulata* Lindl.
130		臀果木属	臀果木	*Pygeum topengii* Merr.
131		蔷薇属	小果蔷薇	*Rosa cymosa* Tratt.
132		悬钩子属	寒莓	*Rubus buergeri* Miq.
133			山莓	*Rubus corchorifolius* L. f.
134			西南悬钩子	*Rubus assamensis* Focke
135			川莓	*Rubus setchuenensis* Bureau et Franch.
136			插田泡	*Rubus coreanus* Miq.
137	云实科	云实属	云实	*Caesalpinia decapetala* (Roth) Alston
138			紫荆	*Caesalpinia chinensis* Bunge
139	蝶形花科	崖豆藤属	香花崖豆藤	*Millettia dielsiana* Harms
140		刺槐属	刺槐	*Robinia pseudoacacia* L.
141		槐属	槐	*Sophora japonica* L.
142	八角枫科	八角枫属	八角枫	*Alangium chinensis* (Lour.) Harms
143	野牡丹科	野牡丹属	展毛野牡丹	*Melastoma normale* D. Don
144		异药花属	异药花	*Fordiophyton faberi* Stapf
145		肉穗草属	肉穗草	*Sarcopyramis bodinieri* Lévl. et Vant.
146	山茱萸科	灯台树属	灯台树	*Bothrocaryum controversum* (Hemsl.) Pojark.
147		梾木属	光皮梾木	*Swida wilsoniana* (Wanger.) Sojak
148	冬青科	冬青属	冬青	*Ilex chinensis* Sims
149			灰叶冬青	Ilex*tetramera* (Rehd.) C. J. Tseng var. *tetramera*
150			河滩冬青	*Ilex metabaptista* Loes. ex Diels
151	茶茱萸科	假柴龙树属	马比木	*Nothapodytes pittosporoides* (Oliv.) Sleum.
152	黄杨科	黄杨属	黄杨	*Buxus microphylla* Sieb. et Zucc. var. *sinica* Rehd. et Wils.
153	省沽油科	野鸦椿属	野鸦椿	*Euscaphis japonica* (Thunb.) Dippel

续表

序号	科名	属名	中文名	拉丁名
154	大戟科	五月茶属	五月茶	*Antidesma bunius*(Linn.)Spreng
155		秋枫属	重阳木	*Bischofia trifoliate*(Roxb.)Hook.
156		算盘子属	算盘子	*Glochidion puberum*(L.)Hutch.
157		野桐属	毛桐	*Mallotus barbatus*(Wall.)Muell. Arg.
158			粗糠柴	*Mallotus philippinensis*(Lam.)Muell. Arg.
159		乌桕属	山乌桕	*Sapium discolor*(Champ.)Muell. -Arg.
160		油桐属	油桐	*Vernicia fordii*(Hemsl.)Airy-Shaw
161	鼠李科	鼠李属	贵州鼠李	*Rhamnus esquirolii* Levl. var. *esquirolii*
162	葡萄科	乌蔹莓属	乌蔹莓	*Cayratia japonica*(Thunb.)Gagnep.
163		崖爬藤属	扁担藤	*Tetrastigma planicaule*(Hook.)Gagnep.
164	亚麻科	石海椒属	石海椒	*Reinwardtia indica* Dum.
165	无患子科	栾树属	复羽叶栾树	*Koelreuteria bipinnata* Framch.
166			栾树	*Koelreuteria paniculata* Laxm.
167	槭树科	槭树属	飞蛾槭	*Acer oblongum* Wall. ex DC.
168			樟叶槭	*Acer coriaceifolium* Lévl.
169			红果罗浮槭	*Acer fabri* Hance var. *rubrocarpum* Metc.
170			罗浮槭	*Acer fabri* Hance
171			三角槭	*Acer buergerianum* Miq.
172	漆树科	南酸枣属	南酸枣	*Choerospondias axillaries*(Roxb.)Burtt et A. W. Hill
173			毛脉南酸枣	*Choerospondias axillaris*(Roxb.)Burtt et Hillvar.
174		盐肤木属	盐肤木	*Rhus chinensis* Mill.
175		漆属	漆	*Toxicodendron vernicifluum*(Stokes)F. A. Barkl.
176	苦木科	臭椿属	臭椿	*Ailanthus altissima*(Mill.)Swingl.
177		苦木属	苦木	*Picrasma quassioides*(D. Don)Benn.
178	楝科	楝属	川楝	*Melia toosendan* Sieb. et Zucc.
179		香椿属	香椿	*Toona sinensis*(A. Juss.)Roem var. *sinensis*
180		黄檗属	川黄檗	*Phellodendron chinense* Rupr. var. *chinense* Schnekd.
181	五加科	楤木属	楤木	*Aralia chinensis* L.
182		罗伞属	罗伞	*Brassaiopsis glomerulata*(Bl.)Kegal.
183		鹅掌柴属	穗序鹅掌柴	*Schefflera delavayi*(Franch)Harms ex Diels

续表

序号	科名	属名	中文名	拉丁名
184	伞形科	积雪草属	积雪草	*Centella asiatica*（L.）Urban
185		天胡荽属	红马蹄草	*Hydrocotyle nepalensis* Hook.
186			天胡荽	*Hydrocotyle sibthorpioides* Lam.
187		鸭儿芹属	鸭儿芹	*Cryptotaenia japonica* Hassk.
188	马鞭草科	紫珠属	紫珠	*Callicarpa bodinieri* Lévl.
189		牡荆属	牡荆	*Vitex negundo* var. *canabifolia*（Sieb. et Zucc.）Hand.-Mazz.
190	唇形科	风轮菜属	风轮菜	*Clinopodium chinense*（Benth.）O. Ktze.
191		黄芩属	柳叶红茎黄芩	*Scutellaria yunnanensis* Lévl. var. *salicifolia* Sun ex G. H. Hu
192		假糙苏属	假糙苏	*Paraphlomis javanica*（Bl.）Prain
193	木樨科	女贞属	女贞	*Ligustrum lucidum* Ait
194	玄参科	蝴蝶草属	光叶蝴蝶草	*Torenia glabra* Osbeck
195			紫萼蝴蝶草	*Torenia violacea*（Azaola）Pennell
196	苦苣苔科	线柱苣苔属	线柱苣苔	*Rhynchotechum obovatum*（Griff.）Burtt
197		吊石苣苔属	吊石苣苔	*Lysionotus pauciflorus* vac. *pauciflorus*
198	爵床科	观音草属	九头狮子草	*Peristrophe japonica*（Thunb.）Bremek
199		马蓝属	翅柄马蓝	*Pteracanthus alatus*（Nees）Bremek.
200		金足草属	圆苞金足草	*Goldfussia pentastemonoides* Nees
201	桔梗科	铜锤玉带属	铜锤玉带草	*Pratia nummularia*（Lam.）A. Br. et Aschers
202	茜草科	茜树属	茜树	*Aidia cochinchinensis* Lour.
203		拉拉藤属	栀子	*Galium jasminoides* Ellis
204		粗叶木属	粗叶木	*Lasianthus chinensis*（Champ.）Benth.
205		玉叶金花属	展枝玉叶金花	*Mussaenda divaricata* Hutch var. *divaricata*
206		密脉木属	密脉木	*Myrioneuron faberi* Hemsl.
207		九节属	云南九节	*Psychotria yunnanensis* Hutch.
208	忍冬科	荚蒾属	短序荚蒾	*Viburnum barchybotryum* Hemsl.
209			巴东荚蒾	*Viburnum henryi* Hemsl.
210			荚蒾	*Viburnum dilatatum* Thunb.

续表

序号	科名	属名	中文名	拉丁名
211	菊科	艾纳香属	东风草	*Blumea megacephala*（Ronderia）Chang et Treng
212			馥芳艾纳香	*Blumea balsamifera*（L.）DC.
213		天名精属	天名精	*Carpesium abrotanoides* L.
214		白酒草属	小蓬草	*Conyza canadensis*（Linn.）Cronq.
215		菊属	野菊花	*Dendranthema indicum*（L.）Des Moul.
216		菊三七属	野茼蒿	*Gynura crepidioides* Benth.
217		蒿属	黄花蒿	*Artemisia annua* L.
218		豨莶属	豨莶	*Siegesbeckia orientalis* L.

单子叶植物纲 Monocotyledoneae

序号	科名	属名	中文名	拉丁名
219	天南星科	石柑属	石柑子	*Pothos chinensis*（Raf.）Merr.
220	鸭跖草科	鸭跖草属	鸭跖草	*Commelina communis* L.
221	莎草科	薹草属	浆果薹草	*Carex baccans* Nees
222			三穗薹草	*Carex tristachya* Thunb.
223	禾本科	荩草属	荩草	*Arthraxon hispidus*（Thunb.）Makino
224			多脉荩草	*Arthraxon multinervis* S. L. Chen & Y. X. Jin
225		弓果黍属	弓果黍	*Cyrtococcum patens*（L.）A. Camus
226		牡竹属	麻竹	*Dendrocalamopsis latiflorus* Munro
227		稗属	稗	*Echinochloa crusgalli*（L.）Beauv.
228		淡竹叶属	淡竹叶	*Lophatherum gracile* Brongn.
229		芒属	芒	*Miscanthus sinensis* Anderss.
230		慈竹属	慈竹	*Neosinocalamus affinis*（Rendle）Keng f.
231		求米草属	竹叶草	*Oplismenus compositus*（L.）Beauv.
232		狗尾草属	皱叶狗尾草	*Setaria plicata*（Lam.）T. Cooke
233		刚竹属	毛竹	*Phyllostachys pubescens* Mazel ex H. de Leharie
234	芭蕉科	芭蕉属	芭蕉	*Musa basjoo* Sieb. et Zucc.
235	姜科	山姜属	山姜	*Alpinia japonica*（Thunb.）Miq.
236		姜花属	姜花	*Hedychium coronarium* Koen.
237			黄姜花	*Hedychium flavum* Roxb.
238			峨眉姜花	*Hedychium flavescens* Carey ex Roscoe

序号	科名	属名	中文名	拉丁名
239	百合科	天门冬属	羊齿天门冬	*Asparagus filicinus* Buch-Ham
240		沿阶草属	沿阶草	*Ophiopogon bodinieri* Lévl.
241			褐鞘沿阶草	*Ophiopogon dracaenoides* (Baker) Hook. f.
242			林生沿阶草	*Ophiopogon sylvicola* Wang et Tang
243	石蒜科	仙茅属	大叶仙茅	*Curculigo capitulata* (Lour.) O. Kuntze
244	菝葜科	菝葜属	菝葜	*Smilax china* Li.
245	兰科	石斛属	石斛	*Dendrobium nobile* Lindl.
246		开唇兰属	西南齿唇兰	*Anoectochilus elwesii* (Clarke ex Hook. f.) King et Pantl.

附录二 贵州赤水桫椤国家级自然保护区 2015—2017 年生物多样性监测——哺乳类名录

物种	RAI 2015年度	RAI 2016年度	区系成分	国家重点保护野生动物	中国生物多样性红色名录	中国特有种	三有名录
灵长目 PRIMATES							
猴科 Cercopithecidae							
藏酋猴 Macaca thibetana	9.2	7.46	东洋界	二级	VU	√	
食肉目 CARNIVORA							
鼬科 Mustelidae							
黄腹鼬 Mustela kathiah		2.02	广布种		NT		√
黄鼬 Mustela sibirica	0.17	0.31	广布种		LC		√
鼬獾 Melogale moschata	6.77	7.78	东洋界		NT		√
灵猫科 Viverridae							
小灵猫 Viverricula indica		0.93	东洋界	一级	NT		
果子狸 Paguma larvata	0.69	1.56	广布种		NT		
林狸科 Prionodontidae							
斑林狸 Prionodon padicolor		0.16	东洋界	二级	VU		√
偶蹄目 ARTIODACTYLA							
猪科 Suidae							
野猪 Sus scrofa	4.17	3.89	广布种		LC		

续表

物种	RAI		区系成分	国家重点保护野生动物	中国生物多样性红色名录	中国特有种	三有名录
	2015 年度	2016 年度					
鹿科 Cervidae							
毛冠鹿 Elaphodus cephalophus	9.72	8.24	东洋界	二级	NT		
小麂 Muntiacus reevesi	7.12	7.78	东洋界		NT	√	√
牛科 Bovidae							
中华鬣羚 Capricornis milneedwardsii		0.16	广布种	二级	VU		
啮齿目 RODENTIA							
松鼠科 Sciuridae							
赤腹松鼠 Callosciurus erythraeus	5.38	5.6	东洋界		LC		√
隐纹花松鼠 Tamiops swinhoei		0.16	广布种		LC		√
豪猪科 Hystricidae							
中国豪猪 Hystrix hodgsoni	4.86	6.06	广布种		LC		√

附录三 贵州赤水桫椤国家级自然保护区 2015—2017 年生物多样性监测——鸟类名录

物种	记录时期				居留型	地理区划	保护等级					保护区新纪录
	预调查	繁殖期	迁徙期	越冬期			国家重点保护野生动物	CITES附录	中国生物多样性红色名录	中国特有种	三有名录	
鹳形目												
鹭科												
苍鹭 Ardea cinerea		√			留鸟	广布种			LC		√	
隼形目												
鹰科												
鹰雕 Nisaetus nipalensis	√				留鸟	广布种	二级	II	NT			√
鸡形目												
雉科												
灰胸竹鸡 Bambusicola thoracicus		√			留鸟	东洋界			LC	√		√
环颈雉 Phasianus colchicus				√	留鸟	古北界			LC	√	√	
红腹锦鸡 Chrysolophus pictus				√	留鸟	东洋界	二级		NT	√		
鸻形目												
鹬科												
矶鹬 Actitis hypoleucos	√				旅鸟	古北界			LC		√	√
鸽形目												

续表

物种	记录时期				居留型	地理区划	保护等级					保护区新纪录
	预调查	繁殖期	迁徙期	越冬期			国家重点保护野生动物	CITES附录	中国生物多样性红色名录	中国特有种	三有名录	
鸠鸽科												
山斑鸠 Streptopelia orientalis		√			留鸟	广布种			LC		√	
珠颈斑鸠 Streptopelia chinensis			√		留鸟	广布种			LC		√	
楔尾绿鸠 Treron sphenurus		√			留鸟	古北界	二级		NT			√
鹃形目												
杜鹃科												
大鹰鹃 Hierococcyx sparverioides		√			夏候鸟	广布种			LC		√	
乌鹃 Surniculus lugubris		√			夏候鸟	东洋界			LC		√	
鸮形目												
鸱鸮科												
黄腿渔鸮 Ketupa flavipes		√			留鸟	东洋界	二级	II	EN			√
斑头鸺鹠 Glaucidium cuculoide		√			留鸟	东洋界	二级	II	LC			
红角鸮 Otus sunia			√		留鸟	古北界	二级	II	LC			
咬鹃目												
咬鹃科												
红头咬鹃 Harpactes erythrocephalus				√	留鸟	东洋界	二级		NT		√	

续表

物种	记录时期				居留型	地理区划	保护等级					保护区新纪录
	预调查	繁殖期	迁徙期	越冬期			国家重点保护野生动物	CITES附录	中国生物多样性红色名录	中国特有种	三有名录	
佛法僧目												
翠鸟科												
普通翠鸟 Alcedo atthis		√	√		留鸟	广布种			LC		√	
啄木鸟目												
拟啄木鸟科												
大拟啄木鸟 Psilopogon virens		√	√		留鸟	东洋界			LC		√	
啄木鸟科												
灰头绿啄木鸟 Picus canus		√	√		留鸟	广布种			LC		√	√
黄嘴栗啄木鸟 Blythipicus pyrrhotis		√	√		留鸟	东洋界			LC		√	
雀形目												
燕科												
烟腹毛脚燕 Delichon dasypus	√	√	√		夏候鸟	广布种			LC		√	√
鹡鸰科												
白鹡鸰 Motacilla alba	√	√	√		留鸟	广布种			LC		√	
树鹨 Anthus hodgsoni			√	√	冬候鸟	广布种			LC		√	
山椒鸟科												

续表

物种	记录时期				居留型	地理区划	保护等级					保护区新纪录
	预调查	繁殖期	迁徙期	越冬期			国家重点保护野生动物	CITES附录	中国生物多样性红色名录	中国特有种	三有名录	
短嘴山椒鸟 Pericrocotus brevirostris		√			夏候鸟	广布种			LC		√	
鹎科												
领雀嘴鹎 Spizixos semitorques	√		√	√	留鸟	东洋界			LC		√	
黄臀鹎 Pycnonotus xanthorrhous			√	√	留鸟	广布种			LC		√	
绿翅短脚鹎 Ixos mcclellandii	√	√	√	√	留鸟	东洋界			LC		√	
伯劳科												
虎纹伯劳 Lanius tigrinus		√			夏候鸟	广布种			LC		√	
棕背伯劳 Lanius collurioides			√		留鸟	东洋界			LC		√	
卷尾科												
黑卷尾 Dicrurus macrocercus		√			夏候鸟	广布种			LC		√	
发冠卷尾 Dicrurus hottentottus		√	√		夏候鸟	广布种			LC		√	
鸦科												
红嘴蓝鹊 Urocissa erythrorhyncha	√	√	√	√	留鸟	广布种			LC		√	
灰树鹊 Dendrocitta formosae		√	√		留鸟	东洋界			LC		√	
小嘴乌鸦 Corvus corone		√	√		旅鸟	广布种			LC			

续表

物种	记录时期				居留型	地理区划	保护等级					保护区新纪录
	预调查	繁殖期	迁徙期	越冬期			国家重点保护野生动物	CITES附录	中国生物多样性红色名录	中国特有种	三有名录	
大嘴乌鸦 Corvus macrorhynchos			√	√	留鸟	广布种			LC			
河乌科												
褐河乌 Cinclus pallasii		√		√	留鸟	广布种			LC		√	
鸫科												
红胁蓝尾鸲 Tarsiger cyanurus				√	冬候鸟	东洋界			LC		√	
鹊鸲 Copsychus saularis				√	留鸟	东洋界			LC		√	
蓝额红尾鸲 Phoenicurus frontalis				√	留鸟	古北界			LC		√	
北红尾鸲 Phoenicurus auroreus			√		留鸟	广布种			LC		√	
红尾水鸲 Rhyacornis fuliginosa	√		√	√	留鸟	广布种			LC		√	
白顶溪鸲 Chaimarrornis leucocephalus	√		√	√	留鸟	广布种			LC		√	
小燕尾 Enicurus scouleri	√		√	√	留鸟	东洋界			LC		√	
灰背燕尾 Enicurus schistaceus	√	√	√	√	留鸟	东洋界			LC		√	
白额燕尾 Enicurus leschenaulti	√	√	√	√	留鸟	东洋界			LC		√	
紫啸鸫 Myophonus caeruleus	√		√	√	留鸟	广布种			LC		√	
王鹟科												
方尾鹟 Culicicapa ceylonensis		√			夏候鸟	广布种			LC		√	√

续表

物种	记录时期				居留型	地理区划	保护等级					保护区新纪录
	预调查	繁殖期	迁徙期	越冬期			国家重点保护野生动物	CITES附录	中国生物多样性红色名录	中国特有种	三有名录	
鹟科												
橙胸姬鹟 *Ficedula strophiata*				√	冬候鸟	东洋界			LC		√	√
鳞胸鹪鹛科												
鳞胸鹪鹛 *Pnoepyga albiventer*		√			留鸟	东洋界			LC		√	
噪鹛科												
褐胸噪鹛 *Garrulax maesi*	√	√	√		留鸟	东洋界	二级		LC		√	
画眉 *Garrulax canorus*	√	√	√		留鸟	东洋界	二级	II	NT			
白颊噪鹛 *Garrulax sannio*		√	√	√	留鸟	东洋界			LC		√	
红嘴相思鸟 *Leiothrix lutea*	√	√	√		留鸟	东洋界	二级	II	LC			
林鹛科												
斑胸钩嘴鹛 *Erythrogenys gravivox*		√	√		留鸟	东洋界			LC		√	
棕颈钩嘴鹛 *Pomatorhinus ruficollis*	√	√			留鸟	东洋界			LC		√	
红头穗鹛 *Cyanoderma ruficeps*	√	√	√		留鸟	东洋界			LC		√	
莺雀科												
红翅鵙鹛 *Pteruthius flaviscapis*	√	√			留鸟	东洋界			LC		√	
幽鹛科												

续表

物种	记录时期				居留型	地理区划	保护等级					保护区新纪录
	预调查	繁殖期	迁徙期	越冬期			国家重点保护野生动物	CITES附录	中国生物多样性红色名录	中国特有种	三有名录	
灰眶雀鹛 Alcippe morrisonia	√	√		√	留鸟	东洋界			LC		√	
绣眼鸟科												
栗耳凤鹛 Yuhina castaniceps	√	√	√	√	留鸟	东洋界			LC			
黑颏凤鹛 Yuhina nigrimenta		√	√		留鸟	东洋界			LC		√	
莺鹛科												
灰喉鸦雀 Sinosuthora alphonsianus		√		√	留鸟	广布种			LC		√	
树莺科												
栗头树莺 Cettia castaneocoronata		√	√		留鸟	东洋界			LC		√	
棕脸鹟莺 Abroscopus albogularis	√	√		√	留鸟	东洋界			LC		√	√
柳莺科												
褐柳莺 Phylloscopus fuscatus		√	√		旅鸟	广布种			LC		√	
黄腰柳莺 Phylloscopus proregulus			√		冬候鸟	广布种			LC		√	
黄眉柳莺 Phylloscopus inornatus			√		冬候鸟	广布种			LC			
黑眉柳莺 Phylloscopus ricketti	√	√			夏候鸟	东洋界			LC		√	
长尾山雀科												
红头长尾山雀 Aegithalos concinnus	√	√	√	√	留鸟	东洋界			LC		√	

续表

物种	记录时期				居留型	地理区划	保护等级					保护区新纪录
	预调查	繁殖期	迁徙期	越冬期			国家重点保护野生动物	CITES附录	中国生物多样性红色名录	中国特有种	三有名录	
山雀科												
黄腹山雀 *Pardaliparus venustulus*	√	√	√		留鸟	广布种			LC	√		
大山雀 *Parus cinereus*	√	√	√	√	留鸟	广布种			LC		√	
雀科												
山麻雀 *Passer cinnamomeus*		√			留鸟	广布种			LC		√	
花蜜鸟科												
叉尾太阳鸟 *Aethopyga christinae*			√	√	留鸟	广布种			LC		√	
梅花雀科												
白腰文鸟 *Lonchura striata*	√	√	√	√	留鸟	东洋界			LC		√	
斑文鸟 *Lonchura punctulata*				√	留鸟	东洋界			LC		√	√

157

附录四　贵州赤水桫椤国家级自然保护区 2015—2017 年生物多样性监测——两栖爬行类名录

物种	2015年数量（只）	2016年数量（只）	区系成分	中国生物多样性红色名录	三有名录	中国特有种	栖息地类型
两栖纲							
无尾目							
蟾蜍科							
中华蟾蜍 Bufo gargarizans	13	9	古北界东洋界广布种	LC	√		灌丛、水田
蛙科							
峨眉林蛙 Rana omeimontis	1		华中区种	LC		√	灌丛
黑斑侧褶蛙 Pelophylax nigromaculatus	2	7	古北界东洋界广布种	NT			水田
花臭蛙 Odorrana schmackeri	4		华中区种	LC			溪流
大绿臭蛙 Odorrana graminea		2	华中华南区种	LC			溪流、水塘
绿臭蛙 Odorrana margaretae	5		华中区种	LC			溪流
沼蛙 Boulengerana guentheri	3	1	华中华南区种	LC			溪流
弹琴蛙 Nidirana adenopleura	1	2	华中华南区种	LC		√	水田
仙琴蛙 Nidirana daunchina	3		华中西南区种	LC		√	水田
叉舌蛙科							
泽陆蛙 Fejervarya multistriata	3	1	华中华南区种	LC			水田
棘胸蛙 Quasipaa spinosa	1	1	华中华南区种	VU			溪流

续表

物种	2015年数量（只）	2016年数量（只）	区系成分	中国生物多样性红色名录	三有名录	中国特有种	栖息地类型
树蛙科							
峨眉树蛙 Rhacophorus omeimonti	8		华中西南区种	LC	√		溪流、灌丛
姬蛙科							
小弧斑姬蛙 Microhyla heymonsi	3		华中华南区种	LC			溪流
饰纹姬蛙 Microhyla fissipes		1	华中华南区种	LC			水田
粗皮姬蛙 Microhyla butleri	5	1	华中华南区种	LC			水田
爬行纲							
蜥蜴目							
石龙子科							
中国石龙子 Plestiodon chinensis	2		华中华南区种	LC	√		灌丛
铜蜓蜥 Sphenomorphus indicus	2	1	华中华南区种	LC	√		灌丛
蜥蜴科							
北草蜥 Takydromus septentrionalis	1	2	古北界东洋界广布种	LC	√	√	灌丛
有鳞目							
游蛇科							
王锦蛇 Elaphe carinata	1		华中华南区种	EN	√		灌丛

续表

物种	2015 年数量（只）	2016 年数量（只）	区系成分	中国生物多样性红色名录	三有名录	中国特有种	栖息地类型
灰腹绿锦蛇 Gonyosoma frenatum		1	华南区种	LC	√		乔木
玉斑锦蛇 Euprepiophis mandarina	1	1	华中区种	VU	√		灌丛
黑眉锦蛇 Elaphe taeniura		1	古北界东洋界广布种	EN	√		灌丛
虎斑颈槽蛇 Rhobdophis tigrinus	1		古北界东洋界广布种	LC	√		灌丛
翠青蛇 Ptyas major	2	1	华中华南区种	LC	√		灌丛
乌梢蛇 Ptyas dhumnades	3	1	华中华南区种	VU	√		灌丛
灰鼠蛇 Ptyas korros	1		华中华南种	VU	√		灌丛

附录五　贵州赤水桫椤国家级自然保护区 2015—2017 年生物多样性监测——国家重点保护野生植物名录

序号	科名	属名	中文名	拉丁名	保护等级
1	桫椤科	桫椤属	桫椤	*Alsophila spinulosa* （Wall. ex Hook.）R. M. Tryon	二级
2	观音座莲科	观音座莲属	福建观音座莲	*Angiopteris fokiensis* Hieron.	二级
3	樟科	润楠属	润楠	*Machilus pingii* Cheng ex Yang	二级
4		楠木属	楠木	*Phoebe zhennan* S. Lee et F. N. Wei	二级
5	芸香科	黄檗属	川黄檗	*Phellodendron chinense* Schneid	二级
6	兰科	石斛属	石斛	*Dendrobium nobile* Lindl.	二级

附录六　贵州赤水桫椤国家级自然保护区 2015—2017 年生物多样性监测——中国特有植物名录

序号	科名	属名	中文名	拉丁名	特有分布
1	松科	松属	马尾松	*Pinus massoniana* Lamb.	中国特有
2	樟科	樟属	樟	*Cinnamomum camphora*（L）Presl.	中国特有
3			川桂	*Cinnamomum wilsonii* Gamble	中国特有
4		厚壳桂属	岩生厚壳桂	*Cryptocarya calcicola* H. W. Li	中国特有
5		山胡椒属	川钓樟	*Lindera pulcherrima* Benth. var. *hemsleyana*（Diels）H. P. Tsui	中国特有
6		木姜子属	毛叶木姜子	*Litsea mollis* Hemsl.	中国特有
7			绒叶木姜子	*Litsea wilsonii* Gamble	中国特有
8		润楠属	润楠	*Machilus pingii* Cheng ex Yang	中国特有
9			薄叶润楠	*Machilus leptophylla* Hand.-Mazz.	中国特有
10		楠属	白楠	*Phoebe neurantha*（Hemsl.）Gamble	中国特有
11			峨眉楠	*Phoebe sheareri*（Hemsl.）Gamble var. *omeiensis*（Yang）N. Chao	中国特有
12			光枝楠	*Phoebe neuranthoides* S. Lee et F. N. Wei	中国特有
13	杜仲科	杜仲属	杜仲	*Eucommia ulmoides* Oliv.	中国特有
14	榆科	山黄麻属	山黄麻	*Trema orientalis*（L.）Bl.	中国特有
15	桑科	榕属	菱叶冠毛榕	*Ficus gasparriniana* var. *laceratifolia* Corner	中国特有
16	壳斗科	锥属	短刺米槠	*Castanopsis carlexii* var. *spinulosa* Cheng et C. S. Chao	中国特有
17	桦木科	桦木属	亮叶桦	*Betula luminifera* H. Winkl.	中国特有
18	山茶科	山茶属	小黄花茶	*Camellia luteoflora* Li ex Chang	赤水特有
19	杜英科	猴欢喜属	薄果猴欢喜	*Sloanea leptocarpa* Diels	中国特有
20	秋海棠科	秋海棠属	掌裂叶秋海棠	*Begonia pedatifida* Lévl.	中国特有
21			中华秋海棠	*Begonia sinensis* A. DC.	中国特有
22	杜鹃花科	杜鹃属	杜鹃	*Rhododendron simsii* Planch.	中国特有
23	报春花科	珍珠菜属	过路黄	*Lysimachia christinae* Hance	中国特有
24	海桐花科	海桐花属	菱叶海桐	*Pittosporum truncatum* Pritz.	中国特有
25	虎耳草科	绣球属	挂苦绣球	*Hydrangea xanthoneura* Diels	中国特有

序号	科名	属名	中文名	拉丁名	特有分布
26	蔷薇科	臀果木属	臀果木	*Pygeum topengii* Merr.	中国特有
27	野牡丹科	异药花属	异药花	*Fordiophyton faberi* Stapf	中国特有
28	山茱萸科	梾木属	光皮梾木	*Swida wilsoniana*（Wanger.）Sojak	中国特有
29	茶茱萸科	假柴龙树属	马比木	*Nothapodytes pittosporoides*（Oliv.）Sleum.	中国特有
30	大戟科	秋枫属	重阳木	*Bischofia trifoliate*（Roxb.）Hook.	中国特有
31	鼠李科	鼠李属	贵州鼠李	*Rhamnus esquirolii* Levl. var. *esquirolii*	中国特有
32	无患子科	栾树属	复羽叶栾树	*Koelreuteria bipinnata* Framch.	中国特有
33	苦木科	臭椿属	臭椿	*Ailanthus altissima*（Mill.）Swingl.	中国特有
344	唇形科	黄芩属	柳叶红茎黄芩	*Scutellaria yunnanensis* Lévl. var. *salicifolia* Sun ex G. H. Hu	中国特有
35	木樨科	女贞属	女贞	*Ligustrum lucidwm* Ait	中国特有
36	茜草科	玉叶金花属	展枝玉叶金花	*Mussaenda divaricata* Hutch.	中国特有
37		密脉木属	密脉木	*Myrioneuron faberi* Hemsl.	中国特有
38	忍冬科	荚蒾属	短序荚蒾	*Viburnum barchybotryum* Hemsl.	中国特有
39			巴东荚蒾	*Viburnum henryi* Hemsl.	中国特有
40	禾本科	慈竹属	慈竹	*Neosinocalamus affinis*（Rendle）Keng f.	中国特有
41	百合科	沿阶草属	林生沿阶草	*Ophiopogon sylvicola* Wang et Tang	中国特有

附录七　贵州赤水桫椤国家级自然保护区 2015—2017 年生物多样性监测——国家重点保护野生动物名录

物种	国家重点保护野生动物	中国生物多样性红色名录	中国特有种
兽纲 MAMMALIA			
灵长目 PRIMATES			
猴科 Cercopithecidae			
藏酋猴 *Macaca thibetana*	二级	VU	√
食肉目 CARNIVORA			
灵猫科 Viverridae			
小灵猫 *Viverricula indica*	一级	NT	
林狸科 Prionodontidae			
斑林狸 *Prionodon padicolor*	二级	VU	
偶蹄目 ARTIODACTYLA			
鹿科 Cervidae			
毛冠鹿 *Elaphodus cephalophus*	二级	NT	
牛科 Bovidae			
中华鬣羚 *Capricornis milneedwardsii*	二级	VU	
鸟纲 AVES			
隼形目 FALCONIFORMES			
鹰科 Accipitridae			
鹰雕 *Nisaetus nipalensis*	二级	NT	
鸡形目 GALLIFORMES			
雉科 Phasianidae			
红腹锦鸡 *Chrysolophus pictus*	二级	NT	√
鸽形目 COLUMBIFORMES			
鸠鸽科 Columbidae			
楔尾绿鸠 *Treron sphenurus*	二级	NT	
鸮形目 STRIGIFORMES			

物种	国家重点保护野生动物	中国生物多样性红色名录	中国特有种
鸱鸮科 Strigidae			
黄腿渔鸮 *Ketupa flavipes*	二级	EN	
斑头鸺鹠 *Glaucidium cuculoide*	二级	LC	
红角鸮 *Otus sunia*	二级	LC	
咬鹃目 TROGONIFORMES			
咬鹃科 Trogonidae			
红头咬鹃 *Harpactes erythrocephalus*	二级	NT	
雀形目 PASSERIFORMES			
噪鹛科 Leiothrichidae			
褐胸噪鹛 *Garrulax maesi*	二级	LC	
画眉 *Garrulax canorus*	二级	NT	
红嘴相思鸟 *Leiothrix lutea*	二级	LC	

附　图

附图一　贵州赤水桫椤国家级自然保护区功能区划图

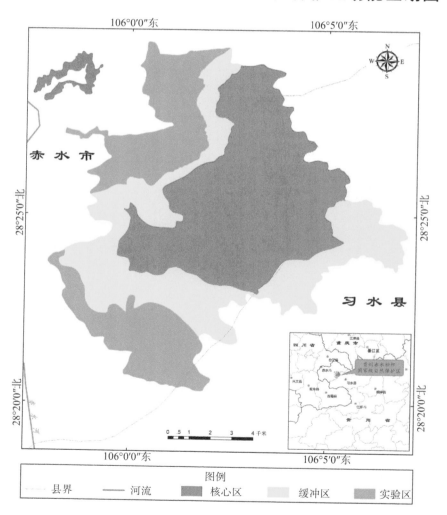

附图二　贵州赤水桫椤国家级自然保护区遥感影像图

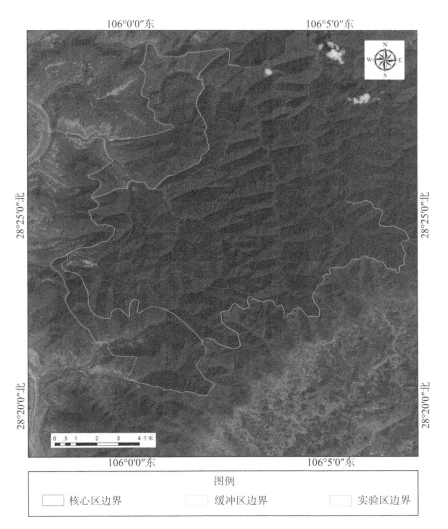

图例

| 核心区边界 | 缓冲区边界 | 实验区边界 |

附图三 贵州赤水桫椤国家级自然保护区植物多样性监测总体布局图

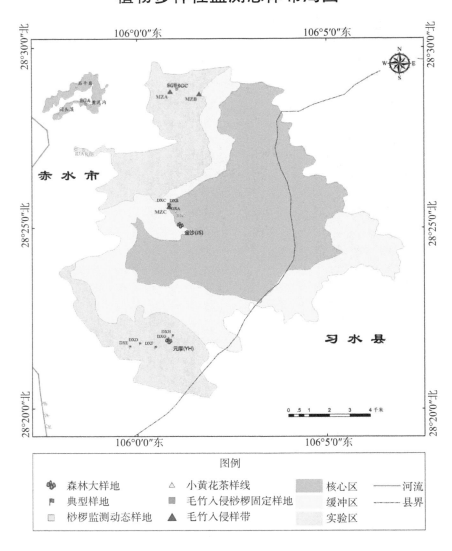

附图四　贵州赤水桫椤国家级自然保护区
动物多样性监测总体布局图

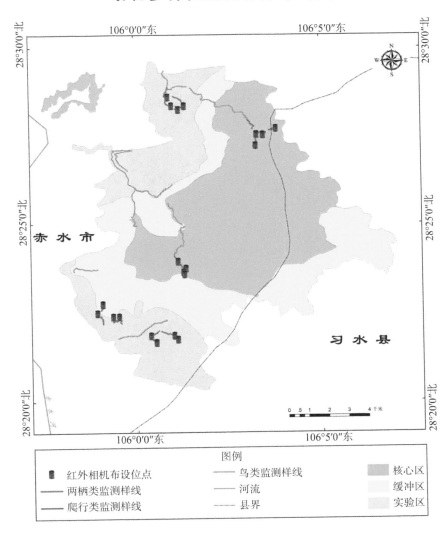

附图五　贵州赤水桫椤国家级自然保护区
珍稀濒危动植物分布图

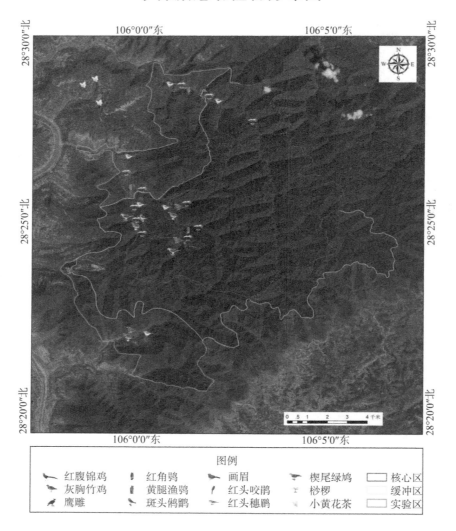

图例

红腹锦鸡	红角鸮	画眉	楔尾绿鸠	核心区	
灰胸竹鸡	黄腿渔鸮	红头咬鹃	桫椤	缓冲区	
鹰雕	斑头鸺鹠	红头穗鹛	小黄花茶	实验区	